$99

荷花出版
EUGENE GROUP

開心懷孕

荷花出版

U0130471

開心懷孕大贏家

出版人：尤金

編務總監：林澄江

設計：李孝儀

出版發行：荷花出版有限公司

電話：2811 4522

排版製作：荷花集團製作部

印刷：新世紀印刷實業有限公司

版次：2023年4月初版

定價：HK$99

國際書號：ISBN_978-988-8506-67-5

荷花出版
EUGENE GROUP

香港鰂魚涌華蘭路20號華蘭中心1902-04室
電話：2811 4522　圖文傳真：2565 0258
網址：www.eugenegroup.com.hk
電子郵件：admin@eugenegroup.com.hk

陀B的力量

　　十個月的懷孕之旅，是苦是甜？視乎你從哪個角度看。甜，當然了，肚內孕育着新生命，看着他一天一天成長，哪有不甜之理？苦，也是事實，陀着BB，孕媽媽的生活來了一個大轉變，生活的不便、身體的不適，都是有苦自己知！

　　懷孕生活，跟未懷孕前有很大的分別，過往可做的，陀B後就不能做；或者，過往不做的，陀B後就要做。吃東西也如是，過往可盡情吃喝的，陀B後就有所節制了，甚至戒掉；或者，過往不會吃的，陀B後就要吃多點了！

　　為甚麼會有如此大分別？答案很簡單，一切都是為了胎兒！陀着BB，孕媽媽已不是關乎自己一個人的事了，而是跟血脈相連的胎兒兩個人的事。舉凡有關孕媽媽的一舉一動、心情、飲食等，不單止影響她自己一人，連肚裏的胎兒也受影響。所以，有些孕媽媽懷孕後，彷彿變了另一個人，因為在她未懷孕前，吸煙、飲酒、日夜顛倒生活、偏食、穿高跟鞋等都做盡了，只是，當她一旦懷孕了，這些全都戒掉。她這份決心，或對她來說是「犧牲」，一切的力量都源自肚裏的胎兒，為了胎兒的健康，比起自己的享受、方便，只是大巫見小巫，她認為都是值得的，可見陀B的力量是何其大！

　　每個孕媽媽陀着BB的時候，都期望自己身心健康，胎兒也健康成長，順順利利出世。但心願還心願，在十月懷胎的旅途上，總會遇到問題和挫折，有些可以如期應付過去，但有時卻是棘手難題，應付不了，嚴重的甚至失掉胎兒，流產告終！所以，孕媽媽既然走進了這個懷孕陌生地帶，最好裝備一下有關懷孕知識，讓自己一旦面臨種種問題和危機，都懂得處變不驚，沉着應對。

　　本社為了充實孕媽媽的懷孕知識，特別出版此書，希望各位孕媽媽一讀。本書共分3章，包括「孕婦生活」、「分娩前後」、「孕婦醫學」，全書共約有50篇文章，篇篇深入淺出，由20多位專家詳細講解，值得信賴，孕媽媽擁有此書，對保障你自己及胎兒健康，又邁進一大步！

目 錄

Part 1 孕婦生活

Part 2 分娩前後

Part 3 孕婦醫學

鳴謝以下專家為本書提供資料

鄧曉彤 / 婦產科專科醫生

李文軒 / 婦產科專科醫生

梁巧儀 / 婦產科專科醫生

方秀儀 / 婦產科專科醫生

林兆強 / 婦產科專科醫生

陳安怡 / 婦產科專科醫生

杜堅能 / 婦產科專科醫生

王予婷 / 婦產科專科醫生

盧兆輝 / 婦產科專科醫生

關詠恩 / 婦產科專科醫生

馮德源 / 婦產科專科醫生

陳展威 / 婦產科專科醫生

張偉麗 / 婦產科專科醫生

羅康裕 / 牙科醫生

許建明 / 精神科專科醫生

陳厚毅 / 皮膚科專科醫生

胡惠福 / 皮膚科專科醫生

林嘉雯 / 皮膚科專科醫生

唐碧茜 / 皮膚科專科醫生

鄭英傑 / 香港專業陪月協會總幹事

陳翠珠 / 外傭中心分區經理

呂鳳珠 / 保險業專家

林小慧 / 資深育兒專家

李秀麗 / 資深助產士

何卓華 / 註冊物理治療師

馬彗晶 / 註冊物理治療師

Fiona / 肚皮畫師

全方位產後護理

華人中醫
Chinese Med Practitioners

產後修復
皇牌修復療程

中醫調理

獨門盆骨恥骨修復 30分鐘
- ✓ 獨門手法矯正產後盆骨恥骨
- ✓ 回復內臟、肌肉
- ✓ 盆骨正位

古法修肌紮肚
- ✓ 針對假肚腩及肌肉、內臟復位
- ✓ 有助子宮收縮、修腹、收窄盤骨、胸骨

養生暖宮理療 45分鐘
- ✓ 改善宮寒，氣虛血虛
- ✓ 溫宮暖腎，改善子宮機能

V-CARE 私密緊緻療程
- ✓ 緊緻陰道
- ✓ 改善尿滲
- ✓ 強化盆底肌肉

BODYFIT 增肌減脂療程
- ✓ 燃燒脂肪
- ✓ 緊緻身形線條
- ✓ 改善「腹直肌分離」

👍 20分鐘＝24000次仰臥起坐運動

期間限定

紮肚優惠
$4,400 = 21次

獨門盆骨恥骨修復 X 10
獨門產後修肌紮肚 X 10
養生暖宮理療(45分鐘) X 1

送

中醫咨詢、食療建議及體質
經絡分析 2次 (價值$500)

印尼古法紮肚帶
(價值$480)

Part 1
孕婦生活

陀着 BB，孕婦生活上帶來不少轉變，面對這些轉變，

孕婦該如何自處？本章有二十多篇文章，

全部有關孕婦生活上需注意的問題，

例如孕期有哪些壞習慣要戒？孕期失眠怎改善？

妊娠紋如何踢走等，十分實用。

8個要戒除
壞習慣

專家顧問：鄧曉彤 / 婦產科專科醫生

　　孕媽媽的一舉一動都可能影響胎兒，很多孕媽媽都會為了胎兒改變以往一些壞習慣，令陀B更安心，自己的健康也會改善，甚麼是孕期應該戒的壞習慣呢？來看看吧！

1. 仰睡

懷孕後，子宮的體積以及重量都會大幅增加，容積由未孕時的 5 毫升增至足月時的 5,000 毫升，子宮的重量也由未孕時的 50 克增加到足月妊娠時的 1,000 克。採用仰臥睡姿的孕婦，龐大的子宮會壓迫到下腔靜脈，導致血液不循環、呼吸不順暢，建議孕媽媽採取左側臥的睡姿。

2. 捱夜

孕婦長期捱夜，會導致內分泌失調，影響胎兒的發育。過度捱夜、加班、應酬，生理時鐘顛倒的生活，會使孕婦的情緒長期處於一種激動及興奮的狀態，導致內分泌紊亂，影響新陳代謝，對胎兒成長造成不良影響。再者，捱夜後第二天精神會不佳，容易造成煩躁不安，情緒起伏，甚至導致記憶力下降、頭暈、頭痛等症狀。胎兒在煩躁不安的媽媽腹中成長，也會受到影響，有機會出現生長緩慢的問題。

3. 玩手機

懷孕期間，孕婦是可以使用電子產品，但要慎重，避免長時間使用。懷孕期間孕媽媽免疫力下降，長時間對着手機，眼睛受到電磁波輻射，容易造成眼疲勞。同時，很多孕媽媽使用手機時長時間維持同一姿勢，容易造成腰痠背痛，對健康造成負面影響。電子產品是存在一定輻射的，雖然輻射比較弱，但如果過度使用，長時間對着手機的話，有機會造成一定程度的傷害。

4. 洗熱水澡

雖然洗熱水澡不會對胎兒有太大影響，但孕婦皮膚比較敏感，若水溫太熱，會容易出現皮膚乾燥、痕癢紅腫等問題。患有皮膚炎、濕疹等孕婦，更不要用過熱的水洗澡。另外，由於孕婦抵抗力較弱，比一般女性更易患上炎症，使用過熱的水沖洗下身，會增加患上陰道炎的風險。

5. 偏食

孕婦於懷孕期間毋須大幅加大食量，不過必須避免偏食。建議懷孕女士於整個懷孕過程中，大約增重 12 至 16 千克，倘若食

孕婦於懷孕期間毋須大幅加大食量，不過必須避免偏食。

量過多或過少均會對胎兒成長造成影響，如有需要亦可服用孕婦
維他命以補充營養。孕婦在孕早期常會出現一些生理反應，例如
噁心、嘔吐、食欲不振、偏食等，建議盡量少食多餐。每兩至三
小時進食一次，選擇乾身啲食物，如餅乾。清晨空腹時，亦記緊
要進食，因懷孕噁心感於空腹時是會加劇的。同時，避免進食過
度濃味辛辣食物。不過，倘若真的完全沒有胃口，亦不用擔心，
胎兒這段時期需要的營養不多，最緊要攝入足夠水份，避免血管
閉塞。

6. 穿高跟鞋

　　孕婦不建議穿着高跟鞋，因為懷孕後，肚子增大，體重會增
加，身體的重心前移，站立或行走時腰背部肌肉和雙腳的負擔加
重，如果穿高跟鞋，她們容易導致身體站立不穩，失去平衡而摔

倒。同時，穿高跟鞋也會加重腿部的負擔，走路或站立時都會使腳都感到吃力，不利於血液循環，容易造成下肢水腫。

7. 過勞

孕婦休息是非常重要的。明白香港人生活繁忙，不過都建議孕婦盡量爭取時間作充足的休息，最理想每天晚上能夠睡 8 小時以上。睡眠可使內臟器官的血液循環正常，幫助肌肉放鬆，保持新陳代謝平衡。孕婦身體過勞，睡眠不足會影響情緒，使媽媽精神緊張、情緒焦慮。倘若情況持續，缺乏睡眠的時間延長，不僅會影響到孕媽媽的自身抵抗力，還會加重她們的不良情緒，久而久之，更會間接影響到腹中胎兒的健康，也影響孕媽媽的身體機能，胎兒的健康亦會有風險。如果孕婦因為極度疲勞而步履蹣跚、跌倒，甚至於駕駛期間睡着，更會對胎兒造成傷害。

8. 蹺腳

雖然姿勢不良不一定影響到胎兒的生長，但會加重孕婦的身體負荷。蹺腳不只對孕婦不好，更加對懷孕後子宮變大，靜脈回流本來就差，尤其下肢循環更差，如果再有蹺腳的習慣，只會使靜脈回流更受阻，長時間下來可能導致腰痠背痛、下肢水腫，甚至麻痺、抽筋。建議孕婦應適度走動、做腿部運動，增加下肢血液循環，有助改善下肢水腫的不適。

生第二胎
孕媽點準備？

專家顧問：李文軒 / 婦產科專科醫生

　　很多家庭都計劃不只生一個小朋友，有些媽媽不想第二胎與第一胎年齡相距太遠，希望兩個小朋友在相近的成長階段可以互相陪伴，所以心急想追第二胎，本文婦產科專科醫生會告訴大家生第二胎應該注意的事項。

有些孕媽媽希望第二胎的年齡與第一胎盡量接近，產後生理上甚麼時候可以再懷孕？婦產科專科醫生李文軒指，理論上懷孕周期是在分娩後 6 周完成的。除非媽媽選擇全母乳餵養，否則媽媽在分娩後 6 周內就有可能再次懷孕。

短期內懷第二胎增風險

有研究表明，如果媽媽在上次分娩後的 6 個月內再次懷孕，以下風險會增加：

❶ 早產
❷ 宮內發育遲緩
❸ 胎盤早剝
❹ 孕婦貧血

因媽媽在第二次懷孕期間年齡較懷第一胎時大，因此以下懷孕風險會增加：

❶ 流產
❷ 染色體異常，如唐氏綜合症
❸ 妊娠毒血症
❹ 妊娠期糖尿病
❺ 妊娠分娩併發症

小迷思

如果第一胎為剖腹，第二胎可以順產嗎？

第一胎留下的剖腹疤痕破裂風險：

- 之前經歷過 1 次剖腹生產，大約有 1/200 機率
- 如果經過兩次或更多次剖腹產，大約 1 至 2% 機率
- 經歷剖腹產後約 2%

推薦：

- 可以嘗試在前一次下段剖腹產後進行陰道分娩，成功率約 80%
- 超過 2 個或更多的先前下段剖腹產，或 1 個或更多經歷剖腹產
- 建議重複剖腹產

第二胎可能出現的症狀

肚子提早變大

孕媽媽可能會發現孕肚比第一胎早些凸出來，其實寶寶的成長速度並沒有加快，這是因為懷過孕的腹部肌肉在分娩後會自然鬆弛，腹部肌肉經過第一次懷孕的拉扯，便不會像原本那麼緊實，所以肚子很容易就會被撐大。出於同樣的原因，這次胎兒的位置可能會比第一胎低一些。

你準備好迎接第二胎嗎？

心理

孕媽媽可考慮以下兩個問題：

❶ 準備好財務了嗎？

❷ 準備好多照顧一個孩子了嗎？

生理

理論上，媽媽在產後 6 個月後已經準備好再次懷孕，世衞組織建議媽媽以母乳餵養嬰兒至少 6 個月才作下一次的懷孕。如果媽媽上次懷孕是剖腹產，最好相隔 12 個月才再次懷孕，以減少子宮疤痕破裂的風險。但是建議的相隔時間不是絕對的，需要根據上一次或以前懷孕期間發生的情況作判斷，如果之前經歷過複雜的妊娠過程，可能需要推遲媽媽的懷孕意願，以確保在下次妊娠開始之前將所有相關的妊娠併發症或風險降到最低。例如上一次懷孕期間有血壓升高的現象，那麼在計劃下一次懷孕之前，血壓已恢復到正常水平是很重要的。如果還沒有回復，那麼應該在計劃下一次懷孕之前諮詢醫生並控制血壓。

更疲累

許多孕媽媽説，與第一次的懷孕相比，她們在第二胎的孕期中感到更加疲勞。李醫生指，這並不奇怪，一來孕媽媽年紀會增加，體力會下降，加上在懷孕過程，家中有另一個或多個孩子時，孕媽媽的工作量會增加，而休息的時間則會減少。

腰痛

第二胎孕期中，背痛往往更為常見，尤其是如果孕媽媽在第

腰痛

第二次分娩通常會進行得更快。

一次懷孕時經歷了背痛。如果第一次分娩後腹肌未恢復原狀,那麼背痛的風險將會更高。另外,如果需要照顧嬰兒或學步的孩子,那麼孕媽媽還會有更多的走動、抬起和彎腰的動作,這可能會增加孕媽媽腰背部的負擔。

較早感覺到腳踢和宮縮

經驗豐富的孕媽媽通常比初次懷孕早幾周就感到寶寶踢腳,這可能是因為她們熟悉這種感覺。此外,孕媽媽可能還會稍早一些發現宮縮。

分娩通常更快

初次的孕媽媽通常要花 5 至 12 個小時才能順利完成生產,但對於以前曾經歷過生產的孕媽媽來說,第二次分娩通常會進行得更快,平均持續 2 至 7 小時,然而這不是必然的事情,視乎情況而定。

醫生問答室

Q 有人說懷第二胎不要跟大仔 (2 歲) 同睡,是怕踢到肚子,如果被踢到後果很嚴重嗎?

A 最好避免,被踢肚子在大多數情況下不會對懷孕造成任何傷害。但是,如果用力踢,則胎盤早剝的風險便會增加,這可能導致懷孕併發症。

Q 第一胎的妊娠反應很嚴重,心有餘悸,第二胎情況有機會好轉嗎?

A 妊娠症狀在以後的妊娠中仍然可能出現,但是考慮到孕媽媽以前的經驗,有預計將會發生甚麼,並可作出預備,如調理身體、作息,嚴重程度通常較輕,只是相關妊娠反應不對健康造成太大影響,孕媽媽可不必太擔心。

太太懷孕
孕爸要識 do

專家顧問：鄭英傑 / 香港專業陪月協會總幹事

　　很多人會覺得，懷孕是媽媽一個人的事，而爸爸依然照常上班和活動，這很可能是因為爸爸不清楚自己可以為孕媽做些甚麼。爸爸作為孕媽最重要的支持者，在其孕期可以做的其實相當多，比起全部交給外傭，爸爸的參與能給予孕媽更多的安全感和情感上的連結。本文一起來看看爸爸如何陪伴和支援懷孕的太太。

善用 5 日侍產假

本身育有兩子、在陪月界工作多年的鄭英傑表示，香港在職男性可依法享有男性侍產期，男性僱員只需要向僱主出示香港出生登記證明書，便可以在寶寶出生前 4 周或者出生後 10 周內，申請最多 5 天的男性侍產假並支取 4/5 的薪酬。他提醒，不同公司都有自己的制度和安排，因此孕爸需要了解流程後，作出適時的安排，以便公司有充足的時間安排人手工作。

孕爸最好抽時間陪伴太太產檢，讓太太感受到寶寶是夫妻共同的，而非她一人的責任，這有助紓緩其懷孕壓力。若孕爸未必能出席每次產檢，亦可以在孕期多拍攝留念，日後可讓寶寶明白，爸爸也是有積極參與自己的成長。

家居安全

隨着胎兒長大，孕媽的肚子越來越大，體重逐漸增加，行動的靈活度也會下降，因此孕爸需要作好家居管理，保證家居安全。鄭英傑提出以下需要注意的地方，但並非全部，孕爸需要更關注孕媽的行動和安全，才能做到萬無一失：

- ✔ 注意地下會纏腳的東西，例如電線、電腦充電線。
- ✔ 廁所地面應放置膠質地氈，防止孕媽滑倒。
- ✔ 在沐浴的地方旁（包括淋浴處和浴缸）增加額外的扶手，讓孕媽可以握住。
- ✔ 床的高度應以孕媽坐下時，腳板能貼地為宜。
- ✔ 保持家居通道暢通，小心枱角等突出位置。
- ✔ 將孕媽需要用到的東西從高處取下，避免讓其爬高和蹲下。

作好財政預算

懷孕需要一筆巨大的家庭開支，因此孕爸應當提前作好財政預算，避免面臨經濟壓力時手足無措。同時需要準備充分的資金應付突發支出，例如在私家醫院分娩時，可能每粒棉花都需要額外收費。鄭英傑為孕爸列出了一張簡單的預算表作為參考，若家庭經濟情況不足以負擔，便需要和太太商量，對某些服務有所取捨，或者從私家醫院轉入公立醫院。

爸爸也是孩子成長歷程中重要的角色，因此從太太懷孕開始，爸爸便需要積極參與其中。

走佬袋清單

鄭英傑提醒，孕爸應在太太懷孕第 7 個月前準備好走佬袋，並放在門口附近，以應付緊急入院的情況。一般公立醫院不會提供孕婦和嬰兒用品，而私家醫院的規定各有不同，孕爸孕媽可先向醫院查詢。走佬袋清單如下：

- 孕婦身份證
- 丈夫身份證副本
- 孕婦驗血報告
- 母嬰健康院產前覆診卡及記錄卡（公立醫院）
- 私家醫院轉介信及按金單據（私家醫院）
- 產婦衛生巾 2 包
- 網褲 4-6 條
- 紙巾
- 濕紙巾
- 床墊 2-4 張
- 傷口沖洗瓶

- 拖鞋
- 保溫杯
- 乾糧
- 前面開鈕睡衣 2 套
- 外套 1 件
- 收腹帶（剖腹分娩產婦適用）
- 哺乳胸圍 2-4 個
- 乳墊 8-10 個
- 密碼鎖
- 手提電話
- 少量現金、八達通
- 出院衣服
- 毛巾、浴巾

- 牙膏、牙刷、漱口杯
- 潔膚、護膚用品
- 梳
- 水泡（自然分娩產婦適用）
- 初生嬰兒紙尿片
- 嬰兒用濕紙巾
- 紗巾 6-8 條
- 包裹嬰兒用毛巾
- 和尚袍
- 夾衣
- 手套
- 包被
- 嬰兒帽

陪產準備

由於生產時間可長可短,若孕爸打算陪產,需作好心理準備,並提早諮詢醫院,了解陪產時是否能攜帶電子設備,例如手提電話、攝像機等,並自備充電器和充電線。若想記錄太太的分娩過程,亦可以自備簡單小筆記簿和筆。此外,待太太辦理好入院後,孕爸需要通知事先物色好的陪月和中介公司,以便安排正式上班的日期,並通知「四大長老」以示尊重。

關注太太情緒

由於懷孕期間女性的身體會產生巨大變化,加上生活和角色等因素會忽然改變,很容易出現情緒問題,甚至延伸為產前產後抑鬱症。而孕爸作為太太最重要的支持者,需要對孕媽作出充足的情緒支援。鄭英傑為孕爸提出一些建議:

- ✔ 孕前對家庭和財務都作出充分的準備,避免由於預算不足應付緊急情況而讓孕婦產生焦慮。
- ✔ 主動學習有關懷孕、分娩和照顧嬰兒的知識,例如參加母嬰健康院或其他機構舉辦的相關講座及工作坊。
- ✔ 與其他孕爸孕媽分享經驗,建立支援網絡。
- ✔ 與伴侶和其他家庭成員建立良好的溝通,彼此了解和支持。
- ✔ 確保孕媽有充足的睡眠。
- ✔ 抽時間和孕媽進行休閒活動,例如散步、和朋友聯絡。
- ✔ 保持孕媽健康的飲食習慣,例如不吸煙、不喝含酒精的飲品。

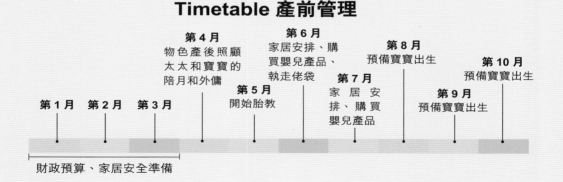

Timetable 產前管理

第 4 月
物色產後照顧太太和寶寶的陪月和外傭

第 6 月
家居安排、購買嬰兒產品、執走佬袋

第 8 月
預備寶寶出生

第 10 月
預備寶寶出生

第 1 月　第 2 月　第 3 月

第 5 月
開始胎教

第 7 月
家居安排、購買嬰兒產品

第 9 月
預備寶寶出生

財政預算、家居安全準備

心急入院點處理？

　　若太太出現陣痛、見紅或穿羊水，便是作動的徵兆，代表胎兒要出生了，這些都有可能提前發生，孕爸不能只規限於 36 至 40 周。這時孕爸需要致電 999，但比起救護車，一般乘的士入醫院會更快。然而，若作動時間是凌晨，恰逢深夜 3 時至早上 7 時較難找到士，特別不是住在市區的話，孕爸應在平日預先聯絡好的士，了解交更時間以及深夜 3 時後的士的運作情況。

懷孕支出預算表

產前	孕期	生產	產後
調理和營養補充食品：約 $2,000 產前檢查：約 $600-$800	產檢費用：公立醫院免費；私家醫院 $400-$800 超聲波檢查：公立醫院 $60；私家醫院 $400-$800 唐氏綜合症篩查：公立醫院 $1,600 或以上（35 歲以上免費）；私家醫院 $2,500 以上 產前講座：公立醫院免費；私家醫院 $400-$1,000 孕媽用品：$3,000-$5,000 初生嬰兒用品：$4,000-$10,000	住院及生產費用：公立醫院入院登記費 $50，其後每天 $100；私家醫院自然分娩 $20,000-$80,000、剖腹生產 $40,000-$120,000、緊急剖腹的額外費用 $10,000-$80,000	聘請陪月：以每天 8 小時，每月 26 日計算，$14,000-$34,000（視乎陪月的資歷，服務價格亦會隨之不同）

註：以上價錢截至 2021 年 4 月止，只供參考

畫肚皮畫
留下美好回憶

專家顧問：Fiona/ 肚皮畫師

　　大約十個月的懷孕時光，對於不少孕媽媽來說，都是一次獨特而又彌足珍貴的體驗。為了留住這份與 BB 骨肉相連的美妙體驗，除了拍大肚寫真外，孕媽媽也可以選擇以肚皮中的 BB 做主角，請彩繪師畫一幅肚皮畫，為孕期留下一份美好的祝福。

大肚彩繪。

　　大肚彩繪 (Baby bump painting) 是一種近年流行於歐美各國的彩繪手藝，以孕婦的肚皮為畫布，由彩繪師根據客人的要求設計圖案，再使用專用顏料畫成。Fiona 表示，不少孕媽媽會請她先幫忙畫肚皮畫，接着再去拍大肚寫真，以助肚中的 BB「更為上鏡」。

畫前孕媽 Q&A

Q 畫肚皮畫會使用甚麼顏料？會否對胎兒造成影響？

A 專業的肚皮畫師會使用對人體無害的皮膚專用顏料作畫。我選用的顏料全部都是由外國出產，成份皆有 FDA（美國藥物及食物局）和歐盟 CE 的認證，每種色素和成份都有編號可供查詢，保證無毒無害，無論畫小朋友或大人都沒問題。

Q 一般來説，懷孕第幾周可以開始畫肚皮畫？

A 孕婦肚皮畫一般有兩種畫法：單次畫法和漸進式畫法。

單次畫法即只畫一次畫，通常要等肚皮足夠脹大才能畫，懷雙胞胎的孕媽媽在 28 周時就可以畫，懷單胎的則最好在 30-34 周畫。

至於漸進式畫法，在孕期的 20 周即可開始畫，配合漸大的肚皮圖畫也有所改變，一般總共畫三次，亦會根據孕媽媽的要求增加次數。

Q 畫一幅肚皮畫需時多長？

A 視乎構圖的複雜程度，圖案簡單則可在半小時內完成；但若

孕婦肚皮畫通常需時 20 分鐘至 2 個半小時不等。

然是細節較多的作品,可能需要 2 小時以上。個人經驗而言,通常需時 20 分鐘至 2 個半小時不等。

Q **孕婦肚皮畫通常會以甚麼圖案為主?**

A 本港大多數孕媽媽畫肚皮畫,都喜歡以全家福、卡通角色、生肖動物等可愛的圖案為主,色彩繽紛,色調較淡;而歐美的媽媽則喜用線條為主,色調較深而且着色面大。

不少孕媽媽都會以構圖寄寓對肚中 BB 的祝福和期望,當中不乏令人動容的故事,作為畫師就是以畫筆幫忙記錄這些故事和祝福。

Q **肚皮畫可以保留多久?**

A 出於安全的考慮,肚皮畫所使用的顏料皆為水溶性,遇水即溶,一沖涼就沒有了。我們並不建議把圖畫保留太久,會叮囑孕媽媽彩繪不能留過夜,確保安全。

畫法	單次畫法	漸進式畫法
懷孕周期	28 周（雙胞胎）、30-34 周（單胎）	20 周起（次數配合客人需要）
收費	\$800 起	
需時	20 分鐘至 2.5 小時不等	

注意事項

- 肚皮上若有疤痕或紋，並不妨礙進行大肚彩繪；但若肚皮容易痕癢、紅腫，或患有妊娠濕疹的孕婦，就不適宜畫肚皮畫。

- 若想自行試畫肚皮畫，要避免使用在坊間玩具店購買的皮膚彩繪顏料。這些便宜的顏料大多並沒有標明用料和成份，亦難以畫出複雜的圖案。

- 切勿保留彩繪過夜，以免誘發皮膚濕疹或敏感。

不捨得畫作？你可以轉印保存！

　　畫得如此漂亮可愛的肚皮畫，要在拍照後就馬上洗去，很多孕媽媽都會覺得不捨。感謝媽媽如此珍愛畫作的 Fiona，此時就教授孕媽媽們使用嬰兒紗布，把肚皮畫轉印出來留念，成為一份能永久保存的獨特孕期紀念品。其中一位靚媽，更創意十足地用 BB 衫轉印彩繪，並請 Fiona 簽名，令她十分感動。

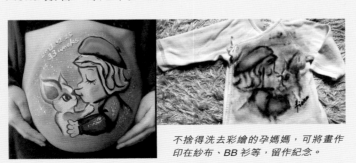

不捨得洗去彩繪的孕媽媽，可將畫作印在紗布、BB 衫等，留作紀念。

孕期有好瞓
要注意睡姿

專家顧問：梁巧儀 / 婦產科專科醫生

　　懷孕近 10 個月中，孕媽媽不只要注意飲食、運動、室內外活動安全，就連睡覺時也要注意好正確姿勢及睡眠質素。有研究發現孕媽媽的睡姿，是影響胎兒健康安全的一大關鍵。究竟懷孕各階段的正確睡姿是怎樣？孕媽媽有甚麼要注意？讓婦產科醫生為大家解答！

懷孕各階段睡姿建議

	趴睡	平躺	右側	左側
懷孕初期	✔	✔	✔	✔
懷孕中期	✘	✔	✔	✔
懷孕後期	✘	✘	✘	✔

懷孕初期（1-3 個月）

　　婦產科專科醫生梁巧儀表示，懷孕初期，寶寶在子宮內發育，位置仍在母體盆腔內，仰睡或右側睡姿都不會特別壓迫到下腔靜脈。孕媽媽可隨意選擇睡眠姿勢，只要舒適即可。有趴睡習慣的孕媽媽，則建議開始要學習避免此睡姿，以免懷孕中後期無法趴睡而影響睡眠質素。

懷孕中期（4-7 個月）

　　隨懷孕周數增加，孕媽媽的肚子開始逐漸隆起；孕媽媽睡覺時應盡量避免壓迫到腹部，所以不建議趴睡。平躺還是可以的，只要覺得舒適即可。若覺得肚子壓力大或開始有水腫問題，可以開始左側睡。孕媽媽也應該慢慢開始訓練自己左側睡，等到懷孕後期肚子大時，入睡就會較容易。

　　但孕媽媽要留意，於中後孕期，當肚子開始逐漸脹大，平臥時子宮的重量會加重壓力到脊椎、背部肌肉、腸道等器官上，有

到懷孕後期，左側睡是最恰當的睡姿。

機會導致孕媽媽出現背痛、痔瘡、呼吸不暢順等情況。

懷孕後期（7 個月後）

到懷孕後期，左側睡是最恰當的睡姿。左側睡可糾正增大子宮天生的右旋，能減輕子宮對下腔靜脈的壓迫，增加血液回流到心臟。血液循環有所改善，對胎兒的生長發育有利；也能減輕孕晚期孕媽媽的水腫問題。

相反，於後孕期右側睡的話，會增加孕媽媽下腔靜脈的壓力、影響血液回流；較易引起低血壓、頭暈、四肢無力等問題，而孕媽媽下肢水腫或腿部靜脈曲張的情況也有機會惡化。

睡姿錯誤對胎兒影響

平躺容易壓迫下腔靜脈，導致下半身的靜脈無法順利回流，造成血壓下降、心跳加快，連帶影響子宮的供血量，使胎盤血流減少，可能令胎兒缺氧。左側睡姿則保障了對胎兒的血液、氧氣、營養輸送，對胎兒生長發育都有好處。

睡眠輔助工具

孕媽媽可以利用枕頭、側睡枕、毯子或棉被等幫助懷孕後期

保持左側睡。孕媽媽可以把腳稍微彎曲，兩腳之間夾個小枕頭，分別在腰背處和腹部下面墊個枕頭或摺疊的小棉被，支撐整個身體，減少對脊椎的壓力。孕婦專用的長枕頭也是一個不錯的選擇，幫助孕媽媽能夠更容易放鬆和入睡。

Q & A

Ⓠ **有水腫的孕媽媽如何睡得舒服點？**

Ⓐ 水腫於孕晚期非常普遍，孕媽媽可於入睡前用熱水泡腳，進行腿部按摩以減少睡覺時抽筋情況。睡覺時可將腿部適當墊高，改善血液回流。而孕媽媽平日可多走路，增進身體的血液循環，一樣可達到減緩水腫。

Ⓠ **孕媽媽需要在睡覺時不時轉變睡姿嗎？**

Ⓐ 如孕媽媽沒有任何不適，睡覺時並不需要特別轉變睡姿。睡眠品質特別好的孕媽媽，有可能入睡許久沒有變換睡姿，也不知道胎兒狀況，建議提早練習側睡。由於孕媽媽可能於睡覺時會不自覺轉換了睡姿；可於孕晚期考慮利用枕頭稍微固定睡姿，以保持左側睡。如果孕媽媽左側睡感覺不舒服，可以左右交替睡，轉轉身，不過仍建議以左側睡為主。

改善睡眠質素方法

- 養成良好的作息規律，按時睡覺按時起床，不要熬夜。
- 避免飲用咖啡、茶、汽水等含咖啡因的飲料。
- 不要吃太油、太辣刺激性的食物，以免加劇睡覺時胃酸倒流的情況。
- 如因為夜尿影響睡眠，應於睡前三小時盡量少喝水，以減少夜間起來上廁所的次數。
- 睡前可喝杯牛奶，做一些放鬆的運動、聽聽音樂，都可以放鬆心情幫助入睡。
- 如入睡困難或失眠，孕媽媽不應強迫自己，否則只會輾轉反側，增加焦慮、更難入睡；孕媽媽應先離開床鋪，放鬆一下，到有睡意才回到床上。
- 如孕媽媽心裏有壓力或情緒上的困擾，應和丈夫、家人傾訴，以緩解憂慮。

孕期失眠
改善妙計

專家顧問：李文軒 / 婦產科專科醫生

　　不少孕媽媽在懷孕期間都被失眠的問題所困擾，失眠不僅會導致第二天精神不濟，更影響生活。到底孕期為甚麼容易失眠？孕媽媽遇到失眠又怎麼辦？欲知更多，那麼快來看看有何睡得好的妙計啦！

對於一個孕婦，每晚至少睡 7 小時或以上。

何謂失眠

婦產科專科醫生李文軒解釋，對於孕媽媽來說失眠是個很普遍的問題。有研究指出，高達 78% 懷孕女士會在她們懷孕期間患上失眠的問題。無論是難以入睡，還是睡不着，只要比正常睡得少或者晚上睡覺時起身數次，也可稱之失眠。對於一個孕婦，每晚至少睡 7 小時或以上。

孕期失眠成因

懷孕期間孕媽媽出現的妊娠反應會引致不適，而導致失眠。這些症狀包括小便頻密、嘔吐、肚子痛、背脊痛、胃酸倒流、嚴重胃氣、呼吸困難和乳房脹痛。

❶ 荷爾蒙分泌：不少準媽媽會出現孕吐症狀，睡覺時可能就會引發胃食道逆流，病情嚴重者會感到胸悶、胸腔灼熱，影響睡眠質素。

❷ 心理壓力：注意孕媽媽可承受的緊張程度，如果心理壓力大而導致失眠，可能代表早期焦慮症或憂鬱症的症狀。

❸ 時常發夢：由於荷爾蒙的改變，孕婦會發一些比較豐富的夢，例如引致焦慮症的夢或者是發噩夢，這些通常在生育後會慢慢減退。

懷孕第一期（0 至 12 周）

懷孕的第一期孕婦主要會感到作嘔、作悶、嘔吐或胃酸倒流，這些症狀容易引致失眠的狀況。除此之外，黃體酮攀升引致日間睡眠增加，而導致晚上睡覺時常中斷。有研究指出在懷孕的第一期，非快速眼動睡眠 Non rapid eye movement (NREM) sleep 最低的第一期增加，而最深層的第三層減少，所以失眠情況較為嚴重。

懷孕第二期（12-24 周）

第二期作嘔、作悶的症狀相對開始減少，開始習慣某些荷爾蒙和懷孕症狀，睡眠質素相對比第一周期好。雖然孕婦的肚子開始增大，但不足引致嚴重的不適。在這周期研究指出 NREM sleep 第二期的深層睡眠增加。

懷孕第三期（24 周至預產期）

第三期睡眠質素開始下降，主要原因包括胎兒的成長令孕婦的肚子逐漸增大，引致嚴重的下墜壓力；胎兒的動作也開始增加而引起孕婦不適。此外，到懷孕後期會感到假宮縮、背痛、胃酸倒流或腳痛等不適，這些症狀都會引致失眠。另外，孕婦也可能開始擔心生產的過程或分娩後 BB 的照顧護理，因而引起失眠。

這周期研究指出 NREM sleep 第三期的深層睡眠開始減少。

如何改善失眠？

養成一個睡覺的習慣

- 每晚早睡。
- 減少日間睡覺的習慣 。

睡覺前避免睇藍光屏幕

研究認為，人們在睡前普遍使用電子產品的行為是影響睡眠質素的原因，電子產品屏幕發出的藍光，讓大腦以為還是日間時光，影響大腦自然的作息周期。

飲食習慣

- 每日多些喝水，但晚上七點後便要減少。
- 睡覺前可飲較暖的飲品。
- 避免飲用有咖啡因的產品，包括咖啡、茶或提神飲品。
- 保持食用高蛋白質的食物。

日間做適當運動

- 運動對孕媽媽有莫大益處，每天做 30 分鐘的運動，在做運動前記得熱身。

睡覺時要盡量令自己舒服

- 可以穿睡覺專用的胸圍。
- 用適當的枕頭或攬枕，特別用於背脊或雙腳膝蓋中間。

保持一個舒適的環境空間

- 保持睡房暗黑、幽靜和涼快。
- 可以用些香薰油幫助入睡。
- 播放一些寧靜的音樂。

睡覺前可做一些放鬆的活動

- 看書、做伸展運動、做瑜伽、聽紓緩的音樂或是看一些輕鬆的電視節目，都有助於使大腦平靜下來。

避免睡眠姿勢

仰臥：仰臥睡姿能緊貼床鋪，放鬆身體，但在懷孕中、後期孕媽媽千萬不能仰臥睡，仰臥對孕媽媽和胎兒都很不利。

右側臥：有研究顯示，右側臥的孕婦流產率比左側臥的孕婦稍高，另外，右側臥會影響孕婦的血液供應。

俯臥睡姿：孕婦趴着睡覺較難呼吸，導致腦部供氧不足。此外，體內的內臟也會受到壓迫，尤其會壓迫到子宮，所以孕婦不要用這種睡姿。

醫生問答室 Q & A

Ⓠ **有沒有藥物可以幫助孕婦減低失眠？**

Ⓐ 失眠的孕婦大多數是缺少葉酸和鐵質，所以服用葉酸和鐵質的補充劑可幫助改善失眠。如有必要，必須經過產科醫生的建議，絕不能在街隨便買安眠藥。

Ⓠ **怎樣才叫睡好覺？**

Ⓐ 如孕婦能夠輕易入睡和每晚睡覺多於 7 小時，其間沒有醒來，便可以叫睡得好。

Ⓠ **孕婦失眠的情況分娩後會改善嗎？**

Ⓐ 產後由於荷爾蒙或懷孕症狀漸漸消失，失眠也會因此減少。但由於新生嬰兒未有適當的睡眠時間，所以分娩後的睡眠質素總括會較差，平均首六個月每位媽媽會少於 6 小時。如餵母乳可增加 NREM SLEEP，幫助減低失眠。

Ⓠ **孕婦失眠會對孕婦或胎兒產生甚麼影響？**

Ⓐ 對於孕婦失眠會增加某些風險，例如糖尿病、妊娠毒血症，同時亦會增加剖腹產的風險、早產風險、作動後生產的時間和痛楚、產後憂鬱症等。對於出生的嬰兒沒有直接的風險，但會增加早產嬰兒及出生較細小的嬰兒。

小貼士：最佳睡眠姿勢

孕婦以左側臥姿勢為最佳睡姿，因為左側臥不會令心臟造成太大壓力，亦不會因壓迫影響身體供血。到懷孕中後期，孕媽媽的腿部容易浮腫，左側臥可使浮腫狀況有所減輕，孕媽媽可適當地將腿墊高，有助於緩解浮腫症狀。另外，左側臥可加快子宮和胎盤的血流量，有效供給胎兒的營養物質和氧氣，避免胎兒缺氧情況的發生。而懷孕期間血容量增加，上肢重量增加會導致下肢靜脈曲張，左側臥睡姿可以減輕下肢靜脈曲張和預防痔瘡的產生。

MeadJohnson Nutrition 美贊臣
1粒集齊
支持孕期必備關鍵營養
DHA 200mg/softgel
鈣
活性葉酸
維生素D
NEW
Enfamom
PRENATAL MULTIVITAMIN
Vitamin, Mineral & DHA Supplement
FOR MOM & DEVELOPING BABY
USE BEFORE, DURING & AFTER PREGNANCY
30 softgels
expert recommended Omega-3 DHA
FOLATE to support Fetal Development*
250 mg CALCIUM to support Bone Health*
Enfamom™
孕婦維生素及DHA
全港唯一
一粒同時蘊含Omega-3脂肪酸，
活性葉酸，鈣及多種孕婦關鍵維他命*
*根據美贊臣2022年09月調查，Enfamom配方與香港零售個人護理網上商店主要銷售11款孕婦多種維生素及礦物質營養補充品比較。
Omega-3脂肪酸：DHA 200mg/softgel, EPA 35mg/softgel. 孕婦關鍵維他命指維他命A, C, D, B1, B2, B3, B6, B12, 泛酸及生物素。

孕期打鼻鼾
影響胎兒

專家顧問：李文軒 / 婦產科專科醫生

　　相信不少孕媽媽都很清楚枕邊人打鼻鼾是件多麼困擾的事，但當自己成為這個擾人清夢的人，很多孕媽媽會百思不得其解，明明自己孕前沒有打鼻鼾的習慣，或者大家可能會擔心是否身體出問題，本文由婦產科專科醫生為大家解答孕期打鼻鼾的問題吧！

睡眠窒息導致打鼻鼾問題。

打鼻鼾嚴重會引致呼吸暫停。

有研究指出超過三分之一孕婦睡覺時有打鼻鼾問題。如果孕媽媽經常打鼻鼾，有機會影響胎兒成長。打鼻鼾反映孕媽媽因氣道受阻，影響呼吸暢順，導致氧氣攝取量減低。若孕婦血液含氧量低，供應胎兒的氧氣亦會減少，容易增加孕婦患高血壓或心臟病的機會。

打鼻鼾的原因

李文軒醫生指出，打鼻鼾是由於上氣道狹窄或阻力增加而導致的，當一個人躺臥時，舌頭向後頂着咽喉，使氣道收窄，便容易發生打鼻鼾。有研究指出，大概有 26% 懷孕女士可能在懷孕前沒有打鼻鼾問題，懷孕後才發生，不過打鼻鼾本身對健康沒有特別影響，除非是因為睡眠窒息導致的打鼻鼾問題。

很多孕媽媽很不解為甚麼自己在懷孕前不會打鼻鼾，懷孕後就開始打鼻鼾。李醫生指出這都是荷爾蒙造成的，由於孕激素會導致鼻腔的黏膜腫脹，引起鼻塞，所以會造成出現打鼻鼾的現象，這種情況在懷孕三個月之後更為嚴重。另外，肥胖和鼻鼾聲也有直接的關聯。在懷孕期間，大部份孕媽媽的體重會增加，這些增加的重量會導致頸部產生額外的組織，引起打鼻鼾現象。而隨着妊娠的進展，孕媽媽的腹壓增加、膈肌上抬，導致肺內含氣容積，尤其是功能殘氣量減少，孕婦氧合功能下降。平靜呼吸時，氣道閉合增加導致通氣血流比下降，從而加重或誘發了鼻鼾。

打鼻鼾對胎兒影響

如果睡眠時打鼾嚴重而發生呼吸暫停，有機會導致孕婦血壓

保持良好睡眠質素，盡量遠離香煙和酒精。

升高，增加孕婦發生妊娠高血壓的風險。另外，當孕婦的身體長時間處於缺氧和高二氧化碳的狀態，可能導致胎盤血管收縮及功能下降，進而影響到宮內胎兒的血氧供應，結果有機會令胎兒生長發育受限、胎心異常、胎兒呼吸窘迫，或出現新生兒窒息等不良妊娠反應的機會率增高。

打鼻鼾與睡眠窒息症

習慣性打鼻鼾可能是由睡眠窒息症引致。睡眠窒息症是當一個人睡着時，可能呼吸曾短時間停頓數次。最常見的睡眠窒息症是阻塞性睡眠窒息症，原因是氣道受到阻塞，造成呼吸短促或呼吸暫停數秒鐘到數分鐘，一夜中類似情形可能發生數百次。這種情況會使血液中的氧氣含量突然減少，可能增加患上高血壓、心臟病、心臟衰竭和中風的風險。

非手術方式改善打鼻鼾方法

鼻帶或鼻條：這很容易在藥房取得。將鼻帶、鼻條貼在鼻子上可以預防打鼻鼾，是個非常簡單、方便的方式，只要在睡覺時使用它。

加濕器：大部份的孕婦打鼾都是因為鼻塞，可以使用一個加濕器來改善，當你睡覺時，將它放置房間使用，就可以紓緩鼻塞。

左側睡：睡覺向左邊側，這可以改善身體的血液循環，以幫助睡眠。

墊高頭部睡：睡覺時試着將頭部稍微墊高，使用兩個枕頭，可以讓你更通暢的呼吸，你的伴侶也會比較好睡。

控制體重：懷孕期間是需要增加體重，但謹記懷孕期間增加的重量是很難減去的，因此不要隨便亂吃，控制你的體重來避免打鼾。

戒煙和酒精：盡量遠離香煙和酒精。首先，它們對你日漸長大的寶寶沒有好處；其次，它們會使你的喉嚨阻塞，引發打鼾。

保持良好睡眠質素：睡眠不足很容易引起很多的問題，像是注意力不集中、脾氣暴躁等，而且睡眠質素會加劇打鼻鼾的情況。

醫生問答室

Ⓠ **產後為甚麼打鼻鼾的問題仍然持續？**

Ⓐ 其實孕婦的身體在生產後的六周內仍然屬於懷孕期，懷孕時的荷爾蒙可能還存在體內，所以孕期打鼻鼾的問題不一定會立即消失。但如果過了六周後還會時常打鼻鼾，可能要檢查清楚有沒有患上睡眠窒息症。

Ⓠ **產後還會打鼻鼾怎麼辦？**

Ⓐ 如果是不嚴重的話可以不用理會，嘗試用以上建議的方法紓緩，但如果嚴重打鼻鼾，特別是經常驚醒的話，有機會與睡眠窒息有關，就一定要找醫生處理。

如何分辨是否睡眠窒息症？

　　曾經有新聞報道一位孕媽媽有嚴重打鼻鼾問題，令其丈夫十分困擾，但兩人都以為這只是孕期現象而掉以輕心，但不久後這位孕媽媽竟在睡眠間窒息死亡，故單單打鼻鼾可以不緊張，但由睡眠窒息引起的鼻鼾，就萬萬不能掉以輕心了！睡眠窒息除了打鼻鼾，還會出現以下症狀：

- 高血壓
- 日間渴睡
- 早上頭痛
- 晚間流汗
- 性慾降低
- 打鼾聲特別大

- 睡覺時有呼吸停止的時候
- 整天覺得疲倦，難以集中工作
- 心情改變例如憂鬱症或精神緊張
- 睡覺時會突然因缺氧、呼吸困難而驚醒

口腔護理
孕期要做好

專家顧問：羅康裕 / 牙科醫生

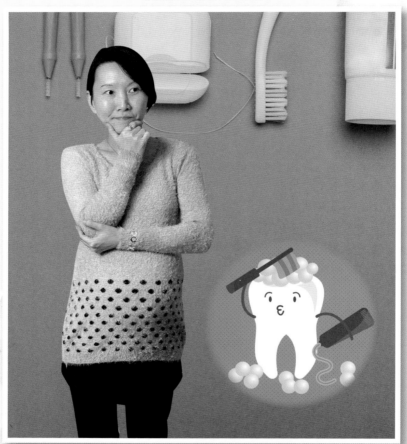

　　懷孕後，除了頭暈、頭痛、作嘔等妊娠不適外，折騰孕婦的還有突如其來的口氣、牙痛、流牙血等口腔問題，讓孕媽媽寢食難安。到底為甚麼孕期會出現種種口腔問題？懷孕期間又可否作牙科治療？

孕期口腔問題成因

註冊牙科醫生羅康裕表示，隨着懷孕後各種的身體轉變，孕媽媽的口腔環境會迎來較大的改變，使得平日潛藏的口腔問題一一浮現。

❶ 荷爾蒙變化造成牙周問題

受到懷孕期間的荷爾蒙變化影響，孕媽媽的身體會分泌出大量雌激素與黃體素，令牙齦容易因外在刺激而腫脹和發炎。若孕媽媽的口腔原本就不夠乾淨、積聚細菌，甚或有牙肉輕微發炎、流牙血等情況，則容易在懷孕期間變得更為明顯、嚴重。

❷ 孕吐引起牙齒腐蝕

受到妊娠不適的症狀影響，不少孕媽媽在懷孕初期經常出現孕吐的情況，含有胃酸成份的嘔吐物因此影響口腔環境，造成口腔異味，甚至可能令部份牙齒受到腐蝕。

❸ 口味改變或令口腔偏酸

部份孕媽媽在孕期間偏好較酸的食物，進食過多酸性食物，除了會讓口腔偏酸、唾液變得較為黏稠外，亦可能令牙齒容易脫鈣，增加蛀牙的風險。

對孕媽媽有何影響？

大多數的牙科疾病都是因為細菌感染而引起。羅醫生指出，懷孕之前就有的口腔問題，在懷孕後容易變得更為明顯。

症狀不太嚴重的孕媽媽，會開始出現牙痛、牙肉腫脹、流牙血、口氣等的問題；沒有相關口腔保健知識的孕媽媽，更容易因

產前口腔檢查，避免於懷孕期間或產後出現嚴重的蛀牙或牙周病。

此在刷牙時避開有問題的部位，從而讓該處的細菌繼續累積、食物渣滓亦繼續殘留，導致口腔問題的惡性循環。

雖然懷孕並不會令原有的蛀牙情況變得更為嚴重，不過若孕媽媽在懷孕前已有蛀牙、口腔積藏不少細菌，待至懷孕期間才發現的話，則須謹慎處理。

口腔護理注意事項及建議

- **產前口腔檢查：**計劃要懷孕的女士，應作定期的牙科口腔檢查，以避免於懷孕期間或產後出現嚴重的蛀牙或牙周病，時刻關注自己的口腔健康。
- **及早治療：**懷孕期間若有口腔不適，應立即求醫，切勿待牙齒發炎再作處理。
- **堅持日常口腔清潔程序：**除了每日早晚刷牙 2 次外，還要特別留意牙縫間的清潔，最好在刷牙後再使用牙線或牙縫刷進行清潔。
- **可使用漱口水：**牙肉容易發炎的孕媽媽，亦可以額外使用嗽口水協助清潔。

在孕期內進行牙科檢查須知

懷孕周數	牙科檢查須知
1 至 12 周	懷孕首三個月，胎兒正在形成，最容易受到藥物的影響，不建議進行任何牙科治療或含 X 光線的口腔檢查；除基本檢查外，着重指導口腔護理的方式及其重要性。
13 至 24 周	開始穩定發育的胎兒還未完全長成，此階段孕婦躺在治療床上亦較為舒適，為孕期中最佳的治療時間；可進行洗牙及補牙，但如非必要，其他需使用藥物處理的牙科問題，仍建議留待產後再作處理。
25 至 40 周	胎兒的發育快將完成，變得較大較重，孕婦躺着進行治療時可能會被胎兒壓到血管，以致出現頭暈的情況；可進行基本檢查，並教導口腔護理的知識，其他口腔問題可留待產後再作處理。

建議產後做治療

　　懷孕期間，孕媽媽血液中的物質、營養會與胎兒共享。在牙科治療上，大都須使用藥物進行治理，儘管大部份的藥物都不會對胎兒造成影響，但為了讓媽媽安心及確保胎兒安全，牙科醫生在用藥上會更為謹慎，或建議孕媽媽待產後再作治療。

嚴重牙患影響胎兒

　　有相關研究顯示，若孕媽媽口腔中的細菌含量過高，可能會對胎兒造成影響。如由大量細菌所引致的蛀牙、牙周病問題，若置之不理，口腔中的細菌可能會沿着血源的傳輸路徑，進而危害到胎兒，嚴重者可能會引致早產、胎兒體重較輕等。

產前抑鬱
影響孕婦及胎兒

專家顧問：許建明 / 精神科專科醫生

　　抑鬱症是一種常見的情緒疾病，很多人都飽受困擾，而孕媽也不例外。面對孕期帶來的生理變化，以及心理壓力與恐懼的增加，孕媽患上產前抑鬱的概率亦會大大提升，而這需要家人和孕媽共同面對。本文由專家講解產前抑鬱對孕媽和寶寶健康的影響，以及如何治療緩解。

產前抑鬱點產生？

精神科專科醫生許建明表示，產前抑鬱是受到不同方面的影響而產生的，包括孕婦在孕期的生理變化、心理變化等，需要孕婦和家人的重視。

生理變化： 在懷孕期間，體內會增加荷爾蒙雌激素 (Estrogen) 和黃體酮 (Progesterone) 的分泌，令孕婦感到正面；但荷爾蒙的巨大變化，同時亦會導致情緒波動，令孕婦容易出現焦慮、暴躁和負面思想的情況。另外，孕期的各種不適，例如孕吐、水腫、腰痛，均會為孕婦生活帶來不便，令她們容易疲倦和煩躁。

心理變化： 成為父母是人生一個重大的轉變，準媽媽或會感到徬徨、矛盾和質疑自己的能力。而到了孕晚期，孕婦開始擔心胎兒是否健康和生產的過程。對自己、胎兒和未來的不安，往往造成她們的心理壓力。

有抑鬱症病史： 如果婦女懷孕前曾患上抑鬱症，或以前曾經流產，她們在懷孕期間也會較容易感到焦慮和抑鬱。

環境影響： 孕婦可能擔心嬰兒出生後，會影響自己的事業或增添經濟壓力，尤其是意外懷孕或沒有經濟基礎的家庭。事實上，孕婦在整個孕期受到不同的情緒困擾，得到伴侶的體諒和支持尤其重要。如果伴侶和家人沒有給予適當的支援，孕婦便會感到無助和孤立，令她們情緒更加低落。

抑鬱影響大

產前抑鬱症對孕婦的生理、心理和社交行為造成影響，這種影響更會持續至分娩和產後。

心理影響： 受影響的孕婦長期處於情緒低落的狀態，感到沮喪、憂傷，還會無故哭泣。而有些則感到焦慮，容易煩躁不安，覺得難以應付生活上的壓力。受負面思想的影響，她們變得自責內疚，覺得自己一無是處，質疑自己是否勝任照顧嬰兒。她們對未來感到消極，甚至覺得絕望無助，最嚴重者更有輕生的念頭。

生理影響： 抑鬱症會令孕婦食慾不振，影響她們攝取足夠的營養。另外，她們通常會有失眠的問題，加上抑鬱症本身會令人感到疲倦乏力，令她們難於應付日常生活、工作或家務。

社交和行為影響： 抑鬱症會降低孕婦的專注力，使她們難以集中精神，工作和日常生活變得沒有效率，繼而形成更大的挫敗

感。她們對身邊事物失去興趣，失去動力去做以往有興趣的事情。變得整日閉門在家，封閉自己而疏遠親友，減少社交活動。

影響分娩：研究顯示在懷孕後期患上抑鬱，較大機會需要採用無痛分娩生產、進行剖腹手術或使用儀器輔助生產；孕婦分娩後往往需要更長的住院及康復時間。

影響產後母乳餵哺：若孕婦沒有接受適當的治療，有很大機會演變成產後抑鬱。這會影響媽媽養育嬰兒的能力，並對嬰兒的身體健康、心智成長和行為情緒發展帶來潛在的影響。很多母親也打算以母乳餵哺嬰兒，但是產前抑鬱可以影響成功餵哺母乳的機會。過往研究指出，抑鬱症是會影響母親的身體情況，如果身體情況欠佳，也會大大減少母乳的製造。

產前抑鬱影響胎兒

產前抑鬱可以對胎兒的生理及心理發展造成負面影響，長大後可能會有較大機會有情緒、學習及行為方面的問題。

✔ 懷孕期間患上抑鬱症或對早期懷孕帶來不良後果。若果孕婦長期處於抑鬱情緒，可能造成子宮收縮，增加自然流產的風險。另外，腎上腺素分泌上升，造成胎盤血流減少，胎兒從而無法吸取足夠的營養，引致胎兒的生長延緩，在出生後可能出現體重較輕的情況。

✔ 研究指出孕婦在孕晚期有抑鬱症狀，她們嬰兒的抗體也會降低，增加呼吸和消化系統感染、哮喘和敏感的風險。

✔ 產前抑鬱對胎兒腦部發展亦有長遠的影響。外國研究發現，胎兒的額葉 (Frontal lobe) 與顳葉 (Temporal lobe) 都比較薄，以

致他們日後的控制力與注意力的能力表現較弱。

✔ 孕婦若出現明顯抑鬱或焦慮，會影響胎兒皮質醇 (Cortisol) 和多巴胺 (Dopamine) 的分泌。這會引致嬰兒出生後有較多情緒和行為問題，例如較過動、難以安撫的狀況。除此之外，掌管情緒的杏仁核 (Amygdala) 神經連結可能出現問題，這導致她們的孩子將來患抑鬱症的風險機率也會較高。

治療產前抑鬱

治療懷孕期間抑鬱症狀，以心理治療為主；如沒有改善或症狀較嚴重者，便要考慮藥物治療。現分述如下：

心理治療：認知行為治療（Cognitive Behavioral Therapy）

透過認知行為治療（Cognitive Behavioral Therapy），可以了解思想與感覺的連繫。在治療過程中，患者需要認識負面的思想及增加正面的思想，這可以增加對自己的認識，從而改善情緒。認知行為治療對於改善抑鬱症狀非常有效，是治療產前抑鬱症最常用的方法之一。

藥物治療：抗抑鬱藥 (Anti-depressants)

藥物治療通常適用於症狀較嚴重或懷孕前已患抑鬱症的孕婦。多數孕婦認為藥物可能影響胎兒而抗拒服藥，事實上未經治療的抑鬱症對孕婦和嬰兒也會造成相當的風險。因此準媽媽應該和醫生了解自己的病情，討論治療的利弊，以決定一個適合自己的方案。

保持規律生活

孕婦應該保持適量的運動，例如產前瑜伽、游水和散步，因為運動會增加血清素水平，減輕抑鬱症的症狀。同時要建立規律的生活，作息定時，確保有充分的休息。還有，盡量安排一些私人時間做自己有興趣的事情，多和朋友見面以保持適度社交生活。

家人陪伴很重要

家人應多鼓勵孕婦談論感受，以諒解和不批判的態度去聆聽她們的情緒困擾，也可以多陪伴孕婦參加產前講座，以了解懷孕期間的轉變、分娩過程和照顧嬰兒的知識，作好心理準備，減低對未知的焦慮與不安。另外，家人及伴侶和孕婦應多溝通，分享大家對養育小朋友的期望，和分配日後照顧嬰兒和家務的分工。

孕期乳房
2 大困擾

專家顧問：鄧曉彤 / 婦產科專科醫生

　　懷孕時不少孕媽媽都會發現乳房出現變化，第一次懷孕的孕媽媽更可能因乳房腫脹、色素沉澱等十分困擾，本文婦產科專科醫生會跟大家講解孕期乳房的變化和紓緩乳房不適的方法。

婦產科專科醫生鄧曉彤表示，懷孕期間乳房會逐漸變大，大部份孕婦的胸部可能會升級 2 至 3 個罩杯。這時孕媽媽可能會感到乳房脹痛，偶爾還會摸到腫塊，這是由於乳腺發達以及荷爾蒙分泌增加所致。另外，懷孕期間乳頭顏色會變深，乳房表皮正下方亦有機會出現靜脈曲張。到懷孕中後期，乳房分泌腺進一步成熟，乳頭更會開始分泌少量白色乳汁。

兩大困擾媽媽的乳房變化

乳暈變大：懷孕期間，在泌乳素、雌激素及黃體素的刺激下，乳暈因皮脂腺的增加，以及色素的沉澱，會變得越來越大，越來越黑。在整個孕期以及哺育期過後，乳暈會慢慢回復細小，顏色亦會漸漸變淺，但不一定能完全回復到原來的模樣。切忌使用漂白產品來嘗試改變乳暈色素，這樣不僅傷己，亦對日後寶寶的哺乳不利。然而，孕媽媽只要做好乳頭的護理工作，沐浴時用肥皂和熱水洗淨乳頭即可。

妊娠紋：由於孕期荷爾蒙的改變，乳房由於乳腺組織的發育及脂肪組織的沉積會漸漸增大，導致皮膚伸展變薄，彈力纖維斷裂，皮內彈力減弱、脆性增加，皮下毛細血管及靜脈壁會變薄及擴張，因而透出皮下血管的顏色而形成妊娠紋。妊娠紋是一種生理變化，局部會有輕度疼癢感，不需要治療。妊娠紋產品效果因人而異，可以嘗試使用，不過記緊選擇安全溫和的產品，避免選擇含防腐劑以及化學香精的產品，以免產生過敏問題。乳房是女性很重要的器官，相信媽媽都希望有充足的奶水之餘，亦希望乳房保持漂亮的外觀。其實乳房是需要好好保養的，懷孕期間尤其需要小心呵護，不然可能令孕媽媽飽受乳房脹痛、敏感等困擾。

選合適胸圍防脹痛

鄧醫生指，要保養乳房，首先要選擇合適的胸罩，太緊的胸罩會阻礙血液循環，影響接收促使乳腺發育的泌乳素。孕媽媽穿戴大小適中、可以承重、透氣又舒適的全罩式胸罩，是保養乳房關鍵的一環。內衣方面，建議選用稍微寬鬆的，可以減少胸部脹痛的不適。倘若脹痛情況嚴重，可考慮使用凍毛巾冷敷胸部以作紓緩。乳頭在懷孕後期和哺乳期會變得敏感，分泌物也會增多，可以在胸罩內放入防溢乳墊來維持清潔。另外，必須避免擦拭乳頭，乳頭分泌的乳汁，不僅有潤滑作用，亦能夠幫助預防乳頭受

感染，經常擦拭乳頭反而容易造成感染和發炎。最後，謹記定期按摩乳房，有助刺激乳腺發展，避免淤塞，增加母乳量。

定期更換胸圍配合變化

孕媽媽於懷孕約三個月就可能要換胸圍，尤其是磅數快速增長時，因為乳腺開始發達，以往用開的胸圍可能不再適合孕媽媽。建議孕婦穿戴沒有鋼線、用於調整尺寸的多扣式設計胸圍，孕期便可以調整胸圍扣去配合體形變化，避免胸圍太緊阻礙血液循環。

另外，懷孕期間的胸圍亦可以先換成哺乳胸圍，其設計是胸圍可以在前方打開，方便媽媽日後餵哺母乳；吊帶一定要粗，因為幼帶缺乏承托力，增加腰部負擔。

醫生問答室

Q 懷孕後乳房偶爾會癢，甚至越抓越癢，是敏感導致的嗎？可以如何解決？

A 女性懷孕期間，由於體內的孕激素和泌乳素上升，有機會導致乳房痕癢，這個情況十分常見，是很正常的孕期反應，一般與敏感無關，亦不會影響胎兒的健康。不過倘若本身皮膚容易敏感的女士，而且確會較易出現相關痕癢問題。建議定期清洗乾淨乳房周邊，穿棉質內衣，亦可考慮使用橄欖油以助保濕及滋潤營養膚質。另外，飲食方面以清淡為主，盡量避免食用上火、辛辣、油膩和刺激性的食物。

Q 孕後期乳房漏奶需要刻意擠出來嗎？

A 孕後期若出現漏奶，絕對不建議刻意擠出來。首先，這個行為會刺激子宮收縮。再者，越擠只會導致乳房分泌更多乳汁。出現漏奶問題的孕媽媽，可於胸罩內墊塊棉墊，並於洗澡時以溫水輕輕地清洗乳暈和乳頭皮膚，記緊皮膚皺摺處亦要擦洗乾淨，如果乳頭凹陷或扁平，可用手輕柔地將乳頭向外捏出來再作擦洗。洗澡後亦可按摩乳房，幫助疏通乳腺。

Q 如果到孕後期乳房仍沒有特別變化，是代表將來上奶會有困難嗎？怎樣可以確保奶量？

A 乳房於孕期的變化與產後的上奶狀況並沒有必然關係。媽媽要增加奶量，謹記注意飲食營養，吸收足夠水份。另外，孕中後期亦可以多做乳房按摩護理，每天一次，每次 2-3 分鐘左右，由內向外慢慢輕按，有助刺激乳腺，增加母乳量。

HealthBaby
生寶臍帶血庫

香港**最尖端幹細胞科技**臍帶血庫
唯一使用**BioArchive**®全自動系統

FDA
認可

✔ 美國食品及藥物管理局(FDA)認可

✔ 全自動電腦操作

✔ 全港最多國際專業認證
(FACT, CAP, AABB)

✔ 全港最大及最嚴謹幹細胞實驗室

✔ 全港最多本地臍帶血移植經驗

✔ 病人移植後存活率較傳統儲存系統高出10%*

✔ 附屬上市集團 實力雄厚

thermogenesis
bioarchive®

*Research result of "National Cord Blood Program" in March 2007 from New York Blood Center

高齡陀 B
風險大增？

專家顧問：林兆強 / 婦產科專科醫生

　　現今很多人希望先建立好穩定的經濟基礎才考慮組織家庭，不只結婚年齡越推越遲，女性第一次懷孕的年齡也越來越大，年紀大當然身體機能不及年輕，那懷孕的話會較易出現甚麼風險呢？計劃懷孕或想生下一胎的各位要注意啊！

35 歲或以上，都屬於高齡產婦。　　　　　　　*孕婦患妊娠糖尿症的風險會隨着年齡增加。*

Q 高齡懷孕流產風險高？

A 根據統計處的數字，女性首次生育年齡為 30.5 歲。男女的婚姻及生育越來越遲，近年很多女性都推遲至 37 至 38 歲才生育，有些過了 40 歲才生育也越來越普遍。根據醫學的定義，預產期時年滿 35 歲或以上，不論是否生育過，都屬於高齡產婦。

高齡孕婦面臨的風險比一般孕婦高，而孕婦年齡越大，流產機率越高，20 多歲的孕婦流產率為 15%，而 35 至 45 歲流產率為 20-30%，45 歲以上孕婦流產率接近 50%，除了流產之外，高齡孕婦產下輕磅嬰的機率也較大。

Q 高齡孕婦較易出現甚麼妊娠病？

A 孕婦患妊娠糖尿症的風險會隨着年齡增加，妊娠糖尿的症狀包括經常口渴、小便頻密、容易疲倦等。妊娠糖尿病是通過葡萄糖耐量測試來確診的，此測試通常安排在 24 至 28 周進行。

妊娠糖尿對孕婦不會有即時的危害，但若血糖控制不宜，便會增加懷孕風險，如早產、羊水過多、胎兒過小，妊娠糖尿病孕婦的剖腹率比正常孕婦高，再度懷孕亦較易出現妊娠糖尿病，患上二型糖尿病的風險更較其他人高。妊娠糖血症對嬰兒亦有影響，由於孕婦血糖高，胎兒需要製造更多胰島素來降低血糖，令胎兒積聚更多脂肪，所以較一般嬰兒重磅，這就增加了剖腹產子或出現難產的機會。

妊娠毒血症若不及時處理，會危害孕婦和胎兒。

順產傷口會較剖腹產為小，嬰兒經產道出生對其呼吸系統會較好。

Q 高齡孕婦容易患上妊娠毒血症嗎？

A 妊娠毒血症的成因其實並不是很清楚，但相信可能是懷孕時某種物質經過胎盤，進入孕婦身體的免疫系統產生排斥現象，並血管收縮，血壓上升，也令腎臟及肝臟受損害。

高齡產婦患妊娠毒血症的機率也會較大，40 歲以上的婦女懷孕時患上妊娠毒血症的機率是 25 至 35 歲的兩倍。妊娠毒血症若不及時處理，會危害孕婦和胎兒，對孕婦而言，妊娠毒血症可引發腦出血、癲癇、影響肝功能，以及令血小板數量下降，影響凝血功能，面對胎兒的影響包括生長遲緩、發育不良、早產、胎盤脫離等。統計顯示有 15% 的早產是由妊娠毒血症而引起的。

Q 高齡產婦應該剖腹還是順產？

A 剖腹生產與順產與年齡沒有直接關係，但由於高齡產婦有較高機會出現妊娠併發症，所以間接地高齡產婦的剖腹機率會較高，故高齡產婦可能需要作好改變生產方法的心理準備。

一般而言，順產傷口會較剖腹產為小，復原速度亦較快，加上嬰兒經產道出生對其呼吸系統會較好。但剖腹是開刀手術，需要麻醉，會有發炎風險。

而高齡產婦因容易出現妊娠併發症，較容易出現早產的情況，所以建議高齡孕婦必須作出會面的產檢。日常生活也要小心留神，萬一出現任何早產先兆，必須立即到醫院求醫。

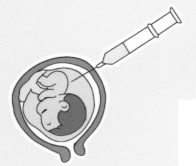

唐氏綜合症機率

孕婦年齡	機會率
20	1:1500
25	1:1300
30	1:900
35	1:350
40	1:100
50	1:25

嬰兒得唐氏綜合症的機會是隨着母親的年齡而增加。

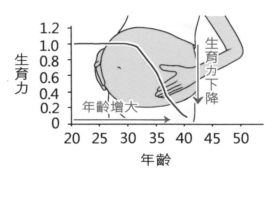

女性在 35 歲前能生育會較理想及安全。

Ⓠ **為甚麼建議高齡孕婦做羊膜穿刺術？**

Ⓐ 高齡產婦最為引人關注的問題是唐氏綜合症，嬰兒得此症的機會是隨着母親的年齡而增加的。唐氏綜合症的成因是細胞分裂過程出錯所致，並不受任何外來因素所影響，並不是疾病，因此不能預防。媽媽可以做的惟有是在可能的情況及早生育，以及作產前檢查，如 NIFTY 或羊膜穿刺術等。

Ⓠ **生理上最合適的懷孕年齡是何時？**

Ⓐ 由於高齡產婦的風險較高，較容易出現妊娠病和併發症，也會增加嬰兒得唐氏綜合症的風險，所以站在生理的角度上，建議女性在 35 歲前能生育會較理想及安全，俗語有云：「有仔趁嫩生」。年輕懷孕一般會比高齡懷孕輕鬆，產婦也有更多精力面對孕期問題和產後生活。但隨着世界的發展，實際情況可能未必許可，無論如何，懷孕生產是夫妻間非常重要的事情，無論在經濟、生理及心理上都是一項很大的負擔，所以最合適的生產時機，還是當兩夫妻在各方面也準備妥當，以及有共識的情況下才是最適合的時機。

腸胃問題
孕期護養法

專家顧問：方秀儀 / 婦產科專科醫生

　　懷孕初期時胃脹脹、食不下嚥等，相信是許多孕媽媽的共同經歷。其實孕媽媽整個孕期都會經歷與腸胃有關的健康問題，例如孕吐、胃酸倒流、便秘等。然而，為了讓胎兒可健康成長，孕媽媽實在有改善腸道不適問題的迫切性。心急如焚的你，不妨參考婦產科專科醫生提供的保養腸胃建議吧！

孕期腸胃問題

胃脹、嘔吐、便秘：懷孕期間，人類絨毛膜性腺激素 (hCG) 和黃體酮等荷爾蒙水平上升，因而減緩了腸胃的蠕動速度，導致消化較慢、常感到噁心等，亦會引起排便問題。

放屁：同樣因懷孕荷爾蒙水平的改變，腸胃蠕動較慢；隨着孕媽媽子宮開始變大，亦會壓迫體內的腸道，製造了不少胃氣而變得較易放屁。

胃酸倒流：受黃體酮水平升高的影響，孕媽媽胃部與食道之間的括約肌收縮功能退化，胃酸因而倒流至食道。此外，懷孕後期子宮增大，壓迫着孕媽媽的胃部，增加胃酸倒流的風險。胃酸倒流在孕婦之間十分常見，十個孕婦中，兩至三位都會有胃酸倒流的風險，徵狀包括在吃飽之後，會嗝出帶有酸味的氣、胸口常有灼熱感、覺得嘴巴裏有酸味等；嚴重者會因胃酸刺激到喉嚨，而引起咳嗽。

肚瀉：荷爾蒙的轉變令孕媽媽的免疫能力轉差，當孕媽媽吃下稍為不潔的食物，可能就會受病毒感染而肚瀉。另外，孕媽媽可能會變得對某些食物敏感而引起腹瀉，最常見的情況就是本來對奶類沒有過敏反應，懷孕後一喝奶就會腹瀉。

求醫情況

以上提及的腸胃問題，不論對於孕媽媽還是胎兒來説，其實不會有很大的影響，而不少徵狀在度過了前孕期後，就會得到改善。如果孕媽媽真的受到胃酸倒流或便秘問題困擾，可以考慮求醫，醫生可以處方藥物予媽媽紓緩病徵。假如孕媽媽嘔吐或肚瀉的情況十分嚴重，就有機會引致脫水，此時孕媽媽就要立即求醫，補充鹽水。另外，長期有胃酸倒流情況、常常咳嗽、胸口時有感到灼熱的孕媽媽，亦需往求醫，因為情況長期未有改善的話，有機會刺激到孕媽媽的喉嚨，導致咳嗽；食道長期受胃酸刺激，亦會損害食道中的黏膜；更嚴重的可能會引致食道破裂。醫生會處方中和胃酸的藥物，減低食道破損的風險。

改善腸胃問題方法

少食多餐

當孕媽媽胃氣脹時，如果仍進食大量食物，會增加腸胃的負

擔，使胃氣脹的情況更趨嚴重。因此，孕媽媽可能要從每天吃三餐，改為每天吃六至八餐，每餐的份量都要減少，吃半飽或七成飽，每餐不要選擇太多種類的食物。

注意食物種類

• **一般情況**：孕媽媽不適宜吃過於流質的食物，建議可選擇半固體食物，例如麥皮，這些食物反而較易為孕媽媽所消化。此外，每天要進食多一點蔬菜和水果，幫助腸胃蠕動。每天要份外注意水份的補充，每天的水份攝取量為兩公升，而在吃早餐前先喝水，亦可以促進腸胃蠕動。

• **受胃酸倒流困擾的孕媽媽**：如果孕媽媽有很嚴重的胃酸倒流，則建議以清淡飲食為主，避免進食甜和辛辣食物，以及喝咖啡等，免得刺激到胃酸分泌。梳打餅和高纖維餅等也可起中和胃酸的效果。

• **受胃氣脹困擾的孕媽媽**：有胃氣脹情況的孕媽媽，應盡量避免進食容易產生氣體的食物，例如豆類、蛋類、油炸食物和馬鈴薯等，亦要避免吃下甜、酸和辛辣口味的食物。

留意生活習慣

進食後一至兩小時內，不要立即平躺在沙發和床上。另外，臨睡前不要進食過量，避免因胃酸倒流而增加胸口灼熱、作嘔等症狀。孕媽媽在飯後可作輕量運動，例如花半至一小時外出散步，幫助腸道蠕動，以改善便秘問題，以及起排氣作用。

孕期腸胃 Q&A

Q **孕期的腸胃問題會影響子宮收縮嗎？**

A 事實上，懷孕時黃體酮水平的升高是腸胃問題的元凶之一，而黃體酮卻有延緩子宮平滑肌收縮的作用，其實變相就是有安胎作用，可以說，孕期常見的腸胃問題不會引起子宮收縮。不過，在嚴重的細菌或病毒感染、發燒、肚瀉、細菌入血等情況下，則有機會引致早產。另外，如果孕媽媽不慎患上盲腸炎的話，亦有機會影響到子宮收縮。因此，如果孕媽媽持續出現肚瀉和發燒等情況，就要盡快往看醫生，看看有否患上盲腸炎。

Q **如果孕媽媽持續出現胃口不振，應該怎麼辦？**

A 食慾不振多出現於懷孕首兩、三個月，但在這段時間未能正

常進食的話，孕媽媽也不必過於擔心，因為胎兒的體積仍是很小，所需的營養有限；而胎兒成長的黃金時間是懷孕中期和後期。如果懷孕媽媽在中後期胃口較差，其實也不用強迫自己進食，而是繼續維持少量而均衡的飲食。通常孕吐情況在懷孕 12 至 16 周期間會漸趨穩定，食慾自然會回復。在胃口不那麼好時，建議孕媽媽每天少食多餐，每兩、三小時就吃少量東西，以維持每天進食六至八頓小餐。當空腹時間變短後，作嘔的情況自然會得到改善。孕媽媽並不用強迫自己維持過於清淡的飲食，而是盡量選擇自己愛吃的食物，以有吃東西為大前提，減少因空腹而變得想吐。因此，建議孕媽媽在家裏和辦公室都可預先擺放乾糧和小食，以備隨時填飽肚子；而乾性澱粉質食物如梳打餅和多士，有防止嘔吐的作用。孕媽媽要避免吃太油膩的食物，而吃飯後，亦不要馬上喝湯，而是在休息一小時後才喝。維他命 B6 可以紓緩孕吐，所以孕媽媽可多吃黃豆、紅蘿蔔、海鮮和馬鈴薯等富含維他命 B6 的食物。另外，適量進食蘋果和菠蘿等帶酸性的食物，亦有助改善食慾問題。如果孕媽媽孕吐情況真的很嚴重，就可以前往求醫，吃醫生處方的止嘔藥。

Ⓠ 孕媽媽食不下嚥時，會否需要進食營養補充劑？

Ⓐ 如孕媽媽只是胃口不振，並不會特別處方營養補充劑給她們。處方營養補充劑時，主要是視乎孕媽媽進食的食物種類，例如如果孕媽媽無法進食魚類，就有機會要吃 DHA 營養補充劑；孕媽媽一旦喝奶，就會引起胃部不適或肚瀉的話，也可能要考慮補充鈣質。

Ⓠ 孕媽媽會比較容易患上腸胃炎嗎？

Ⓐ 孕媽媽之所以較易患腸胃炎，主要是消化系統變慢、抵抗力下降等原因。孕媽媽吃下肥膩食物、常外出進食的話，就容易感染大腸桿菌、沙門氏菌或諸如病毒等誘發腸胃炎的病毒。因此，建議孕媽媽多自己準備食物，煮食前先洗淨及煮熟食物。若無可避免地需外出用膳的話，應盡量吃熟食，也要選擇較有信譽的食肆。不過，一般情況下，孕媽媽患腸胃炎對胎兒健康並無大影響，除非出現細菌入血的情況，所以孕媽媽毋須過份憂心。

踢走妊娠紋
不是難事

專家顧問：方秀儀 / 婦產科專科醫生

究竟孕婦黑星——妊娠紋是如何形成的呢？有沒有解救方法？由婦產科專科醫生解構妊娠紋的成因，以及教你如何消除妊娠紋，一起踢走妊娠紋！

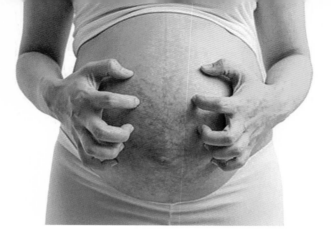

妊娠紋只會影響外觀，不會影響孕婦或胎兒健康。

甚麼是妊娠紋？

婦產科專科醫生方秀儀表示妊娠紋與生長紋相似，屬皮膚擴張而形成的紋理，亦是萎縮紋的一種。懷孕期間，雌激素和皮質醇偏高，令皮膚中的彈性纖維停止生長或撕裂。

妊娠紋成因

在懷孕期間，胎兒在媽媽子宮裏迅速成長，孕媽媽腹部皮膚過度膨脹伸張，引致彈性纖維斷裂，繼而在皮膚上形成了淡紅色或淡紫色的不規則裂紋 —— 即妊娠紋。另外，皮下組織所含的膠原蛋白，受懷孕因素影響而軟化或重新排列，令妊娠紋更易產生。

妊娠紋影響

妊娠紋只會影響外觀，不會影響孕婦或胎兒健康。

妊娠紋痕癢

孕婦通常在第三孕期 24 周後開始出現妊娠紋。如果妊娠紋痕癢的話，可使用防妊娠紋的護膚品，塗抹於腹部，可增加皮膚水份及彈性，減少皮膚繃緊乾燥的感覺。

妊娠紋變化過程

方秀儀醫生指出，妊娠紋自初發生至穩定會經歷兩個形式：紅紋（striae rubrae）和白紋（striae albae）。前者（紅紋）是紅到紫色的紋路，後者（白紋）則是萎縮狀、有細微皺褶的淺色

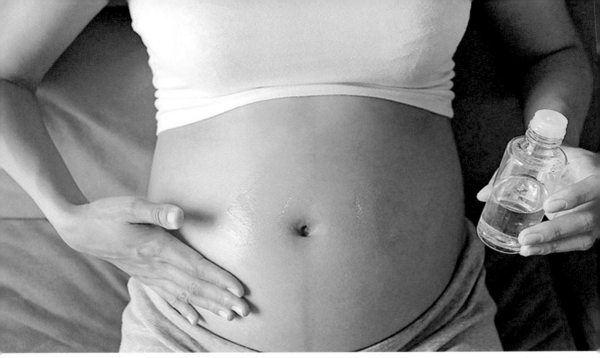

有些孕媽媽會採用椰子油、橄欖油及白芒花籽等產品。

疤痕。雖然懷孕期間妊娠紋呈紫紅色，比較明顯，但一般來說產後它們便會變成銀白色斑紋，沒孕期時那麼明顯。

妊娠紋出現位置

妊娠紋通常出現在懷孕期間脹得最快和最大的部位，例如肚皮、大腿、乳房附近和臀部。

挑選去除妊娠紋產品方法

妊娠紋膏、油、霜的功效相差不大。懷孕時，肚皮脹大了會比較乾燥，所以可以嘗試質地較厚的妊娠油或膏。相對霜或乳的質地會較薄身，適合夏天用或不喜歡黏膩質地的孕媽媽，各位孕媽媽按自己的喜好及膚質選擇就可以了。另外，有些孕媽媽會採用椰子油、橄欖油及白芒花籽等產品，不過，現時仍未有醫學研究指出，這些產品有實際可改善妊娠紋的功用。

消除妊娠紋

市面上有療程幫助消除妊娠紋，如要治療妊娠紋，方秀儀醫

生建議孕媽媽待寶寶出世以後，到合資格的皮膚科專科診所，進行醫學射頻、雷射激光療程，刺激膠原蛋白增生，減淡已形成的妊娠紋。不過效果會因人而異，不一定能消除妊娠紋。

預防妊娠紋

要預防妊娠紋，最好是於懷孕前便開始着手。計劃懷孕的婦女可在懷孕前開始多做運動，並多吸收蛋白質、維他命 C 和 E 及天然膠質食物，預先幫皮膚增強彈性，有機會能減輕纖維斷裂的情況。另外，孕婦在懷胎穩定、能做運動時，也可以做適當的運動，以及保持均衡飲食，以控制體重。建議整個懷孕過程中應控制體重增加在 10-15kg 內，每個月的體重增加不宜超過 2kg。

醫生小叮嚀

妊娠紋雖然是「愛的印記」，但始終影響外觀。如不想妊娠紋出現，建議都是預防勝於治療，在懷孕前及早期開始做好預防妊娠紋的工夫。

Q & A

ⓠ **甚麼人長出妊娠紋的機會較大？為甚麼有些人有妊娠紋，有些則沒有？**

ⓐ 在數據上，約七成孕婦會出現妊娠紋。當中非白人婦女、較年輕孕婦都較易遇到妊娠紋問題。此外，胎兒較大、未懷孕前身上已有性質類似橙皮紋的媽媽，會令妊娠紋產生的機會增加。最後，亦與先天因素與遺傳、體質有關，如果孕媽媽的家庭成員以前懷孕時有過妊娠紋者，有妊娠紋的機率也會較大。

ⓠ **減妊娠紋產品是否真的有用？孕婦可否用？**

ⓐ 現時仍未有醫學研究指出去妊娠紋產品有實際功用，實質作用可能與一般潤膚膏分別不大。當然，多塗抹潤膚膏於腹部，可增加皮膚水份及彈性，減少皮膚繃緊乾燥的感覺。整個懷孕期都可以用，如想增加皮膚水份及彈性，當然越早用越好，建議 12-14 周可以開始使用。

ⓠ **第一胎沒有妊娠紋，第二胎是否一定不會有妊娠紋？**

ⓐ 不一定。如第二胎胎兒較大、孕婦增重太快，也是可能有妊娠紋的。

大肚皮膚差
點解救？

專家顧問：陳厚毅 / 皮膚科專科醫生

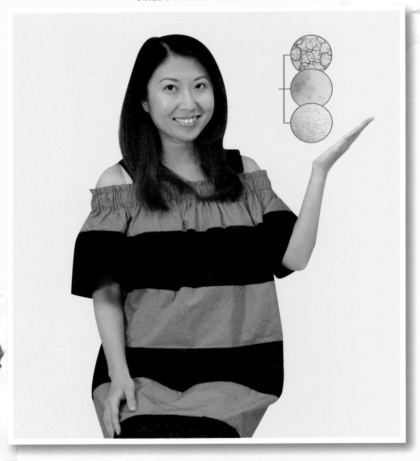

　　懷孕期間，孕媽媽身心各種壓力變大，而體內荷爾蒙轉變，令身體或面上容易出現油脂分泌汪盛、暗瘡、色斑等問題。懷孕常見皮膚問題究竟有甚麼？又可以怎樣解決？由皮膚科醫生話你知！

1. 臉上泛油及暗瘡

香港為亞熱帶地區天氣潮濕炎熱，容易引起油光滿臉，再加上毛囊被油脂堵塞，釀成暗瘡。而孕婦因荷爾蒙出現變化，引致皮膚油脂分泌加劇，故更容易出現面油和暗瘡情況。

改善方法：要解決油光滿臉和暗瘡問題，首先要注意個人衛生清潔，保持心境開朗以及作息定時。另外，孕婦一般可選擇性質溫和的洗面產品，若面油情況嚴重，則可選擇一些控油產品，減少面上油脂分泌。若要選購暗瘡藥物，謹記不要購入含有維他命A酸或某些口服的抗生素等，以防影響胎兒發育，增加畸胎的風險。

2. 色斑增生

烈日炎炎的陽光，令紫外線增加，已受荷爾蒙影響的皮膚，會更容易增加體內的黑色素，引起色斑及膚色暗啞，甚至加深墨痣。

改善方法：孕婦每天應使用足夠的防曬產品，預防色斑問題。每隔一定的時間補上防曬，不應在中午長期停留陽光之下，減少接觸陽光的時間，留意保充水份。另外懷孕期間，不要急於使用美白產品，因色斑問題通常在分娩後會有所改善。若是十分愛美的孕媽媽希望減退色斑，可以考慮在懷孕過後進行激光療程或其他醫學美容治療。

3. 濕疹

懷孕期間除了皮膚會變得容易有暗瘡和色斑問題，皮膚亦較易敏感。皮膚敏感和濕疹大多出現於冬天或天氣乾燥的時候，但在夏天也不可忽視汗水和天氣變化對皮膚的影響。有部份未懷孕前已有濕疹的孕婦，更會因荷爾蒙的變化而令濕疹病情加劇。

改善方法：懷孕期間，孕婦應穿上通爽及棉質物料的衣服。另外，洗澡水避免過熱或大力洗擦皮膚，破壞皮脂的保護。洗澡後要使用性質溫和的潤膚膏為肌膚保濕。如果情況持續轉差，痕癢難當，醫生會處方輕度類固醇藥膏。這些類固醇十分安全，只要按指示用藥，則可改善濕疹問題，又不會對母嬰的健康構成影響。

4. 妊娠紋

孕婦在懷胎十月期間，會出現肚子脹的問題，因此皮膚的彈力纖維和膠原纖維會過度伸展，而出現粉紅色或紫紅色的波浪狀妊娠紋。妊娠紋大多出現於懷孕五至六個月，初期呈紅色，漸漸減淡變白，若懷孕的胎兒較大或是雙胞胎患，妊娠紋的機會也會增加。

改善方法：暫時醫學上未有預防妊娠紋的方法，但是懷孕時避免體重短時間內急劇增加，保持皮膚濕潤都有幫助。另外，產後婦女可進行分段式激光或單向式射頻治療（Radiofrequency），雖然不能完全根治問題，但有助改善妊娠紋和收緊肚皮。

皮膚功能小知識

❶ 保護作用

角質層：防止身體水份散失，並阻擋外在微生物、粉塵或其他異物侵入。

黑色素：降低紫外線危害；皮下脂肪，緩衝外在物理碰撞。

❷ 感知

幫助身體感知疼痛、觸感、溫度變化與壓力。例如手指碰觸尖銳物時，能立刻收手，保護手指。

❸ 調節體溫

當體溫上升時，皮膚微血管會擴張促進散熱；而當體溫下降時，微血管進行收縮減少熱量流失。

❹ 分泌

汗腺分泌汗水，幫助散熱，調控體溫。

❺ 合成

皮膚藉紫外線能量，合成維他命 D，協助血鈣平衡，避免骨質疏鬆等病症。

❻ 吸收

透過擴散作用、角質細胞間隙或毛孔的附屬器官開孔，讓活性作用成份吸收。

色斑增生

濕疹

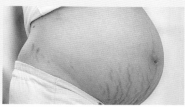
妊娠紋

醫生問答室

Q 懷孕期間肌膚瘙癢可否使用藥物？

A 不要胡亂使用藥物，因為有些藥物如維他命 A 酸和抗生素會影響到胎兒發展，最保險的方法還是遇到嚴重的問題找醫生求診。

Q 若持續出現皮膚問題，會影響到胎兒健康嗎？

A 孕媽媽大可放心，因為絕大部份情況都可以在分娩後逐漸消退甚至根治。

Q 產後仍持續出現皮膚困擾，該怎麼辦？

A 在懷孕期間或是產後的媽媽當遇上天氣變化，會令原本敏感的肌膚變得更敏感。但是只要保濕潤膚得宜，做足防曬，懷孕皮膚問題都能迎刃而解。如果產後仍持續出現皮膚困擾，應找醫生求診。

孕婦生活起居應注意事項

1. 做好潤膚，潤膚霜可形成一道保護膜，免受刺激物及致敏原入侵。宜選擇用天然成份的潤膚霜，它能促進肌膚癒合，亦可滋潤肌膚，減低痕癢。忌用含石油副產品的潤膚霜，因為含石油的護膚品潤膚霜，會令肌膚更乾燥的危險。
2. 孕婦應注意休息及調節情緒壓力，保持心情舒暢
3. 衣著寬鬆舒適，盡量避免流汗。
4. 忌用熱水浸燙瘙癢患部。
5. 使用溫和的沐浴露或肥皂，減少刺激皮膚或使皮膚乾燥。
6. 忌用指甲大力搔癢，以免刮傷皮膚，造成感染。
7. 妊娠期間出現瘙癢症狀，宜及早求醫進行診斷。

色素沉澱

孕媽點處理？

專家顧問：胡惠福 / 皮膚科專科醫生

　　懷孕期間由於受到荷爾蒙的分泌刺激，不少孕媽媽都會發現身上如額頭、鼻子等部位出現淡啡色的黑斑，以及腹部中線或大腿內側等亦會出現色素沉澱。色素沉澱問題令女士感到困擾，究竟該如何避免色素沉澱呢？

Q 懷孕期間有甚麼常見的色素沉澱問題？

A 孕媽媽容易出現以下皮膚色素沉澱問題：

臉上兩頰、額頭、鼻子等部位出現淡啡色的黑斑（又稱為肝斑，懷孕時期所產生的肝斑亦稱為孕斑）。

乳暈、腹部中線、生殖器官、腋下、頸、大腿內側亦會出現色素沉澱。

身上原有的黑痣或斑也可能加深顏色。

Q 孕婦可以使用美白產品或接受美白療程嗎？

A 孕媽媽應避免使用含有維他命 A 酸、水楊酸、對苯二酚 (Hydroquinone) 等成份的美白去斑產品，以免吸收入血液而影響胎兒發育健康。此外，孕婦皮膚對光線較為敏感，使用這類具有光敏感性的成份會增加皮膚曬黑風險。

另外，孕媽媽應避免進行化學換膚、激光或彩光等美白去斑療程，以免影響胎兒健康。激光或彩光的療效主要局限於皮膚，而且通常在面部進行，遠離腹中胎兒，理論上對胎兒影響不大，但目前仍未有大型醫學研究，關於懷孕期間使用激光或彩光的安全性，而部份人士或會在治療期間出現頭暈、低血壓情況，因此孕媽媽應避免進行激光或彩光治療。此外，孕婦皮膚會對光線較為敏感，治療後色素沉着風險或會增加。若孕媽媽於光學治療後出現皮膚灼傷、水泡、發炎及感染等，便可能需要服食抗生素等藥物，但這些藥物有機會影響胎兒健康。

Q 如何處理色素沉澱問題？

A 皮膚色素沉澱有機會在產後慢慢改善，但未必能夠完全自行消退。若不做好防曬措施，或長期服用避孕藥時，色素沉澱現象可以變得嚴重。如果色素沉澱持續不退，可按醫生指示進行美白去斑治療，但這些治療有機會影響胎兒健康，所以一般只適合在產後進行，並不適合在懷孕期間進行。應先諮詢皮膚科醫生意見，以分辨自己屬於哪種色素沉澱問題，以決定合適的治療方法，包括外用藥物、果酸換膚、激光或彩光治療等。

Q 孕期的色素沉澱有甚麼原因？

A 懷孕期間受到女性荷爾蒙及懷孕荷爾蒙影響下，皮膚黑色素細胞會變得活躍，產生更多黑色素，導致皮膚出現色素沉澱、色斑、肝斑等問題。另外，某些個人體質、陽光中的紫外線

防曬霜有足夠防曬保護。　　　　　　　　　　　　　　　孕媽媽面上油脂分泌旺盛，較易引起暗瘡。

亦會加劇色素沉澱現象。當荷爾蒙在懷孕後回復正常水平，色素沉澱便會慢慢改善，只是乳暈、生殖器官等的黑色素較難消退。

Q **色素沉澱可預防嗎？有甚麼方法？**

A 色素沉澱受荷爾蒙變化、個人體質及陽光中的紫外線影響而形成，預防色素沉澱的主要方法是做好防曬措施。

防曬霜應選擇無香料、無色素、無防腐劑、低敏配方的產品。另外，建議選用物理性防曬霜，因其性質溫和、安全性高、致敏風險低，較為適合皮膚比較敏感、容易痕癢的孕媽媽。一般而言，進行戶外活動時，塗抹 SPF 30 及 PA+++ 的防曬霜已有足夠防曬保護。其他防曬措施包括戴闊邊帽、穿淺色長袖衣服、使用太陽傘、戴太陽眼鏡以及避免在烈日下進行戶外活動。

Q **孕期除了色素沉澱，還會有甚麼皮膚問題？**

A 其他常見的孕期皮膚問題包括：

• **血管變化：**由於懷孕期間受到女性荷爾蒙的影響，而且腹部壓力增加，皮膚可以出現像蜘蛛狀的血管痣、痔瘡、腿部靜脈曲張等問題。

• **皮膚痕癢、妊娠濕疹：**懷孕期間受荷爾蒙影響，皮膚會比較敏感，可能會出現皮膚痕癢及濕疹，患處會出現痕癢紅腫斑塊、粗糙及脫屑現象。

• **暗瘡：**由於懷孕期間荷爾蒙的刺激，孕媽媽面上油脂分泌或會較為旺盛，較易引起暗瘡。

• **長出瘜肉：**皮膚可以出現肉色或啡色的小肉粒，常見位置包括頸、腋下、胸下、大腿內側等。

• **妊娠紋：**由於懷孕期間的荷爾蒙變化、皮膚真皮組織受到拉力斷裂，皮膚會出現粉紅色的妊娠紋，常見部位包括肚皮、臀部、大腿外側、乳房等，顏色一般在產後漸漸變淡。

母嬰健康
NatalCare

Quality Assured
Qualité Assuré

Made in Canada

Nurtonic All in One Pro
全孕期綜合營養素
加拿大衛生署認證・加拿大製造 **安全 可靠**

適合成年女士
日常保健
每日一包 提供女性所需的均衡營養素

複合維生素 + 礦物質
提供身體所需能量, 抗氧化, 有助紅血球製造及代謝
增強自身免疫力, 維持健康肌膚

益生菌
清腸排毒
改善便秘

胡蘿蔔素+Omega-3
呵護心腦血管健康

葉酸
參與蛋白質的合成
防止DNA受損

鈣鎂+維生素D3
幫助保持骨骼強健

香港銷售點：

HKTV mall

big big shop

中國內地銷售點：

天猫国际　京东国际

 中旅巴士 CTG BUS　 有赞

 NUTRONICHK

 NUTRONICHK

大肚扮靚
慎選護膚品

專家顧問：胡惠福 / 皮膚科專科醫生

　　孕媽媽在懷孕期間會因荷爾蒙分泌的關係，皮膚出現不同的問題，例如色素沉澱、爆發暗粒或是濕疹等。愛美是女士的天性，孕媽媽若要解決皮膚問題的話，要注意護膚產品成份及療程方式，以免影響胎兒。

孕期皮膚問題

皮膚科專科醫生胡惠福指出，由於懷孕期間荷爾蒙的刺激，孕媽媽面上油脂分泌或會較為旺盛，較易引起暗瘡。若精神壓力大、睡眠不足，誘發暗瘡的風險更會增加。另外亦會出現黑斑、色素沉澱，例如乳暈、腹部中線、外陰、腋下，以及大腿內側的顏色加深、黑痣增加或顏色加深。

有的孕媽媽可能會有妊娠紋、妊娠濕疹及皮膚痕癢，身上或會長出瘜肉，例如出現在頸、腋下、胸下，以及大腿內側，可能亦有血管變化，例如腿部的靜脈曲張更明顯。

選用護膚品注意

孕媽媽在選擇護膚品方面，胡醫生提醒要注意當中的成份，護膚品的成份越簡單越好，應選用無香料、無酒精，以及無防腐劑(如 Parabens、MIT 等)的產品，保濕產品應以性質溫和、低敏配方、滋潤性高為主。

此外，孕媽媽應避免使用含有維他命 A 酸、水楊酸、對苯二酚 (Hydroquinone) 等成份的護膚產品，以免吸收入血液而影響胎兒健康。而且孕婦皮膚對光線較為敏感，使用這類具有光敏感性的成份，會增加皮膚曬黑風險。

美容療程注意

懷孕期間可以接受美容療程嗎？胡醫生表示，簡單的面部美容或護理一般都屬安全，但要避免熱敷或蒸氣療程、化學換膚、激光或彩光，以及電流療程等，以免影響胎兒健康，亦切勿使用任何含有維他命 A 酸、水楊酸的美白產品。

由於激光或彩光的療效主要局限於皮膚，而且通常在面部進行，遠離腹中胎兒，理論上對胎兒影響不大，但目前仍未有大型醫學研究關於懷孕期間使用激光或彩光的安全性，而部份人士或會在治療期間出現頭暈、低血壓情況，因此孕媽媽應避免進行激光或彩光治療。此外，孕婦皮膚會對光線較為敏感，治療後色素沉着風險或會增加。若孕媽媽於光學治療後出現皮膚灼傷、水泡、發炎及感染等，便可能需要服食抗生素等藥物，但這些藥物亦有機會影響胎兒健康。

大肚化妝注意

　　雖則懷孕期間要盡量避免化妝，但有時孕媽媽外出時都希望化點妝，讓自己看起來更精神。胡醫生指出，化妝品成份複雜，部份產品或含有化學性防曬劑、生殖及發育毒性的成份，孕婦使用有機會影響胎兒發育，使用前應先了解自己所用的化妝品是否安全。

　　外國有多個大型網站為化妝品的常見成份或不同品牌產品設立資料庫，只要輸入成份名稱便可查出其安全性，而化妝品的成份越簡單越好。孕媽媽應避免使用韓國或日本無成份譯名的產品，因為難以確定其成份是否安全。此外，應避免選用含有防腐劑或香料的產品，以免引致皮膚敏感。建議減少化妝次數，並選擇淡妝為主。

治療暗瘡注意

　　孕媽媽若在懷孕期間長出暗瘡，想去除暗瘡的話，需視乎病情的嚴重性及對用藥的風險承擔而定，醫生有機會考慮的藥物治療選擇，包括外用或口服紅霉素 (Erythromycin)、外用克林黴素 (Clindamycin) 及外用杜鵑花酸 (Azelaic acid)。

　　若孕婦在懷孕期間服食四環素 (抗生素)，胎兒的牙齒有機會出現啡黃的顏色，更會出現琺瑯質發育不良，所以四環素必須在計劃懷孕前停用；而治療暗瘡用的口服維他命 A 酸會導致胎兒畸形及嚴重發育異常，因此維他命 A 酸必須最少停服 6 星期至 3 個月才可開始計劃懷孕。

乾燥保濕 tips

✔ 應穿鬆身棉質的衣服，以免刺激皮膚。
✔ 塗上適當份量的潤膚霜，保持皮膚滋潤及紓緩濕疹症狀。(洗澡後皮膚仍然微濕時，塗上潤膚霜的保濕效果最佳。)
✘ 避免搔癢皮膚，以免抓損皮膚發炎。
✘ 避免用過熱的水沐浴，並應選用溫和的沐浴乳。

備註：皮膚病的病情較嚴重時，醫生可能需要處方外用類固醇藥物。

孕媽媽應避免使用化學性防曬產品。

Q & A

Q 孕媽媽可使用香薰產品嗎?

A 由於香薰產品成份及濃度複雜,一般不建議孕媽媽吸入或塗抹香薰產品,尤其在懷孕初期的十二周,以免影響胎兒生長發育,且部份成份於吸入後可引致呼吸管道不適。香薰精油是由天然植物提煉而成,較易引起皮膚敏感,部份成份更屬於光敏性物質(如橙、檸檬及佛手柑),可增加皮膚曬傷曬黑風險。

Q 懷孕可使用美白產品嗎?

A 由於某些美白去斑成份有機會形響胎兒發育健康,例如苯二酚 (hydroquinone)、維他命 A 酸、水楊酸等,孕婦宜避開含有這類成份的美白去斑產品。建議孕婦做好簡單防曬措施便可,例如塗抹防曬霜。

Q 在選擇防曬產品方面,有甚麼要注意的地方?

A 孕媽媽可選用物理性防曬產品,其主要成份為 Zinc oxide、Titanium oxide,可將紫外線反射,性質溫和,少有敏感,安全性高,較為適合孕媽媽使用。至於化學性防曬產品,由於部份產品含有干擾內分泌的成份,亦較易引致過敏反應,甚至有機會影響胎兒發育(如 Oxybenzone 成份),因此孕媽媽應避免使用化學性防曬產品。

產前產後
甩髮有辦法

專家顧問：林嘉雯 / 皮膚科專科醫生

　　不少孕媽媽懷孕期間都會覺得頭髮變得濃密了，但原來有少數孕媽媽會在陀 B 期間脫髮！而大部份媽媽產後亦會面臨脫髮問題，每天梳髮時看到梳下來的髮絲，相信一定會心痛又無奈吧！本文皮膚科專科醫生講解護髮之道，讓孕媽媽不用再為自己的脫髮問題困擾！

孕期脫髮

孕期脫髮屬少數：皮膚科專科醫生林嘉雯指，女性懷孕期間，荷爾蒙及雌激素的分泌會增多，所以大部份孕媽媽的頭髮量會變多及濃密。不過，亦有人會因為荷爾蒙的轉變導致脫髮，但這個情況並不常見。事實上，孕期脫髮不一定與孕媽媽健康情況有關，有時可能是孕媽媽壓力過大的警號。由於孕婦壓力大，可能會導致孕期脫髮問題。再者，經常有孕吐的孕媽媽容易營養不足，亦是孕期脫髮的原因之一。

脫髮量多需求醫

由於孕期脫髮不算常見的問題，受這個問題困擾的孕媽媽可能要視乎情況，考慮到診所接受治療。林嘉雯醫生表示，一般而言，人體一天可以脫落一百條頭髮。因此，當孕媽媽每天的脫髮量多於一百條，而問題持續一段時間也未見改善，就要考慮去看醫生。

改善方法

受孕期脫髮問題困擾的孕媽媽，可以試着以下方法改善情況：

❶ 很多孕媽媽都有過份進補的習慣，這反而令她們偏向吸收某種營養，未能獲得人體所要的基本營養，亦因此未能獲取頭髮所需的營養。孕婦應時刻保持均衡飲食，多吸取蛋白質、鐵質等礦物質和各種維他命。蛋白質豐富的食物包括雞蛋、豆腐；含鐵質的食物有深綠色蔬菜和紅肉；而維他命就可以從不同的水果和蔬菜中大量攝取。

❷ 盡量保持低壓生活和開朗心情，確保睡眠充足，真的受情緒問題困擾就要接受治療。

❸ 孕婦洗髮時用水不要過熱，而懷孕期間亦不要使用特別聲稱能防止脫髮的洗頭水。熱水會破壞頭髮中的蛋白質，並沖走頭皮的正常皮脂，令頭皮變得脆弱甚至受損，因而引起頭皮痕癢以至頭皮炎，這些問題都會引起脫髮。因此，孕媽媽不宜用過熱的水洗頭，洗頭的水溫應保持在三十七至四十度左右。

產後脫髮

產後脫髮屬正常：大部份媽媽產後都會脫髮。懷孕期間，雌性荷爾蒙的增長延長了頭髮增長期，所以當時脫髮量會減少；生產過後，體內的荷爾蒙水平回復正常，產婦的頭髮生長自然透支，令孕期多生長的頭髮脫落。因此，媽媽在產後首半年都會覺得脫髮量較平時多，但情況不會延續，大約在半年後就會回復正常。再者，很多媽媽會因照顧 BB 感到壓力大和休息不足，從而加深脫髮問題的程度。產後的大量進補亦令媽媽只吸收某種特定營養，使她們未能吸收人體需要的各種營養。

可由疾病引致

除了以上提及的因素，產後脫髮問題亦可能由其他疾病引起。例如有些人產後會很長時間不洗髮，令頭皮積聚污垢而出現頭皮炎，這亦是脫髮問題的元凶，所以媽媽不能忽略頭皮清潔。此外，無論是順產或剖腹，媽媽在生產時都會大量出血，令她們大量流失鐵質，導致缺血性貧血。缺血性貧血會令人體頭髮增長速度減慢。而內分泌問題如多囊性卵巢症、家族性遺傳如地中海脫髮、甲狀腺問題等都會令人體脫髮。

求醫因素

正如之前所述，產後脫髮多只持續半年，脫髮量多且維持半年以上的媽媽就可能要考慮求診。另外，如果媽媽在脫髮的同時又有感到其他不適，就可能是因為以上提及的問題而引起的脫髮。例如是缺血性貧血的話，媽媽會容易頭暈、心跳和感疲累；患頭皮炎的話，頭皮會痕癢，頭皮屑亦會增多；而患多囊性卵巢症的媽媽可能會有較多暗瘡。如果媽媽沒有餵哺母乳或已經停止餵哺母乳的話，醫生可以處方一種叫米諾地爾 (minoxidil solution) 的外塗藥物，以減少脫髮量和促進頭髮生長，但要切記這種藥物不能在懷孕或哺乳期間使用。

改善方法

為了擺脫產後脫髮困擾，媽媽可考慮以下改善問題的方法：

❶ 避免用過熱的風吹乾頭髮，避免頭皮受到傷害。
❷ 在使用護髮產品和頭髮造型產品時，切忌將其塗在頭皮上，

避免過熱乾頭髮

求醫找出脫髮問題

護髮產品塗抹於頭髮上

均衡飲食和運動

避免嚗曬

而是應該塗抹於頭髮上，避免刺激到頭皮。

❸ 不少媽媽產後會增加戶外活動，而曝曬會令頭皮受損，媽媽應盡量避免到陽光過曬的地方。

❹ 在感到身體有異樣時，就應該去求醫，以找出脫髮問題的源頭對症下藥。例如缺血性貧血的話，就可以補充鐵質；多囊性卵巢症可以接受荷爾蒙治療等。這些問題在產前可能已經有，只是在產後更為明顯，所以要針對病症決定醫治方法。

❺ 保持均衡飲食，以及定期做適量運動。

6 式胎教
好處多籮籮

專家顧問：梁巧儀 / 婦產科專科醫生

　　很多孕媽媽在懷孕期間都會花很多心思在胎教上，胎教可以讓孕婦創造一個良好的心態和孕育環境，促使胎兒正常發育，能使寶寶更聰明。除此之外，胎教還有很多好處，欲知更多，還不快來看看這篇文章！

甚麼是胎教？

婦產科專科醫生梁巧儀表示，胎教是指對孕媽媽肚子裡的胎兒進行各種環境刺激，比如播放音樂、説話閱讀等，以促進其健康及智力發育。廣義上亦指孕媽媽採取飲食、環境、心理、社交等各方面的改善，製造最理想最健康的孕育環境，發揮胎兒最大的潛力。

胎教影響

研究調查顯示，胎內的環境會影響孩子的未來發展如情緒表現、生活習慣及學習能力。母親的精神狀態、感覺情緒、荷爾蒙及神經傳達物質等，都會透過血液和胎盤傳到胎兒發展的腦部中。研究亦顯示胎兒至少具有 12 種感覺，如聽覺、觸覺、視覺、味覺等，以及 7 種智能，如言語、音樂、數理邏輯、身體運動智能、人際智能等。胎兒是擁有記憶和學習的能力，孕媽媽進行胎教運動可推動胎內學習，給予胎兒良好的刺激，對神經系統發展有正面的影響。

胎教意義

胎教的意義在於維持一個良好的孕育環境予小生命。這除了能促進胎兒生理上和心理上的健康發育成長，亦能幫助孕媽媽順利度過孕期的各項不適，平安生產。

胎教好處

對寶寶好處：已有科學研究證明，受過胎教的寶寶有較好的音樂天賦、語言天份、運動技能發展、良好的性格和較強的適應能力。受過胎教的寶寶一般情緒較穩定，夜裏較少哭鬧，相對容易照顧。寶寶亦較容易養成良好的生活習慣，例如一聽到胎教或媽媽唱歌便很快入睡，亦較容易培養出白天醒、晚上睡的良好習慣。

對孕媽媽好處：孕期進行胎教時，孕媽媽會注意自己的飲食、休息、運動、情緒及行為，讓自己處在情緒平穩及正常作息的健康環境中，因此對孕媽媽的健康和情緒都有好的影響。胎教是互動的，進行胎教時，當胎兒有所回應如增加胎動反應，孕媽媽會因此感到快樂，心情舒暢。

胎教注意事項

　　進行胎教時不應過量，如進行撫摸胎教時，5-10 分鐘即可，當進行時肚子有任何不適或子宮收縮情況，應停止撫摸。進行音樂胎教應避免將擴音器直接放在肚皮上；另外選擇音樂時，應盡量避免太嘈吵的重金屬音樂或高頻率尖銳的曲風。

醫生問答室

Ⓠ 懷孕甚麼時侯開始做胎教？

Ⓐ 剛懷孕時，或甚至是準備要懷孕的時候，就可以開始嘗試做胎教，這可讓自己保持在最佳狀態（生活習慣、飲食、健康、情緒等）提供胎兒最理想的生育環境。而撫摸胎教一般由 20 周左右開始。

Ⓠ 甚麼時侯不適宜做胎教？為甚麼？

Ⓐ 假如需要安胎，或是有任何早產徵兆、身體不適的情形，都不適宜做胎教（運動，撫摸等），以免導致子宮收縮，引起風險。

Ⓠ 準爸爸是否一定要參與胎教？

Ⓐ 除了母親對胎兒施教胎教外，父親的角色也很重要。準爸爸參與胎教，可強化親子關係，也讓孕婦和胎兒感受他的愛，這樣能增進夫妻關係的和諧和親子間的聯繫。準爸爸跟肚裏胎兒唱唱歌説説話，令胎兒熟悉他的聲音，出生後孩子對他更有親切感。

梁巧儀分享胎教經驗

　　懷孕時，我正於公立醫院工作，每次輪班當值，有時更需要工作 30 小時以上。每天要固定時間做胎教實在不易。記得當時常做的是跟肚子裏的寶寶説説話，他就像我的陪伴，我會跟它説説周圍發生的事情。我每天的工作接觸不少流產、早產、難產的個案，處理時難免影響心情，有所壓力；我會跟肚子裏的他説説話，「你好嗎？要乖乖的足月出來，不要令媽媽有危險」；「媽媽要跟其他媽媽做手術，不要亂踢！」説出來，當感應到胎動回應，心裏自然感到安心愉快。胎動是最美好的陪伴。不用工作時，我亦喜歡出外走走散散步，感受大自然的養份和風光，吸收維他命 D，伸展筋骨。孩子至 4 歲，是個活潑開朗、善解人意的心肝寶貝。」

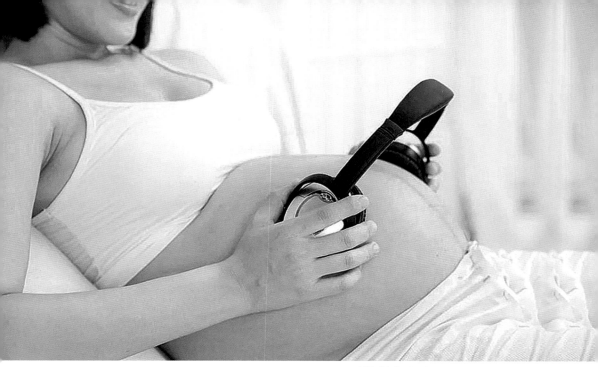

音樂亦能紓緩壓力，有利於穩定孕媽媽和胎兒情緒。

梁巧儀醫生教你 6 種胎教的方式

1. 音樂胎教

胎兒的聽覺於 15 至 20 周開始發育至 26 周左右大致完成，能聽到子宮內和外的聲音，還會作出反應。一些研究指出，聆聽莫札特的古典樂能對胎兒腦力產生正面影響。音樂其實並不局限於輕音樂或古典，孕媽媽可以選擇自己喜歡的音樂，只要聽音樂時能感到心情愉悅輕鬆平靜就可以。音樂亦能紓緩壓力、改善心情的作用，有利於穩定孕媽媽和胎兒情緒。

2. 語言胎教

語言胎教是指跟胎兒說說話，並不局限於孕媽媽，準爸爸或家人優質的語言，都能促進其出生以後在語言方面的良好教育。

孕媽媽可以每天固定安排一個時間跟肚裏面孩子說說話，簡單可以跟他說說每天自己發生的事；閱讀新聞或故事。準爸爸也可以多與太太聊天，這樣做既不會太單調無聊，更能促進夫妻感情，為孩子製造融洽溫暖的家庭環境。有外國研究顯示，嬰兒出

生後再聽到父母的聲音，能令嬰兒情緒穩定，起安撫的作用。這是因為胎兒的腦細胞對常常聽到的聲音有記憶所致。

3. 撫摸胎教

孕媽媽可以透過撫摸肚子給胎兒觸覺的刺激，這樣做可激發胎兒活動，通過反射性軀體蠕動，促進大腦功能的協調發育。撫摸亦使胎兒有安全感，能使孩子感到舒服和愉快。

孕媽媽可以從 20 周開始輕輕撫摸隆起的肚子或輕力拍打，到後孕期感覺到胎兒肢體時，則可以增加推動的動作。每次 5-10 分鐘即可。

4. 飲食胎教

孕期營養對維持孕婦正常的需要，和提供胎兒的發育需求都非常重要。孕媽媽應小心選擇食物，保持均衡飲食，不偏食；攝取足夠營養物質特別是蛋白質、維他命、鐵、鈣和 DHA。孕婦應避免進食油膩和刺激性的食物；避免未煮熟的食物和加工的食品；以及喝過量的咖啡因飲料如咖啡、可樂。研究顯示，母親懷孕期間的飲食，能影響孩子對食物的喜惡。所以孕媽媽應由改善自己飲食習慣以培養寶寶出生後的良好飲食習慣。

5. 運動胎教

孕媽媽應保持良好生活習慣，及進行適量運動。常規每天 30 分鐘運動，可防止體重過度飆升、強化心肺功能、促進腸胃蠕動，幫助體內新陳代謝。進行適宜的體育鍛練如（游泳、散步、瑜伽等）不僅對孕媽媽有好處，對促進胎兒的大腦及肌肉的健康發育有良好積極作用，讓寶寶出生後更健康活潑。除此之外，運動時人體會產生腦內啡，有助放鬆心情、減輕壓力、減少失眠，保障孕媽媽心理健康。

6. 情緒胎教

孕媽媽應於孕期盡量保持心情平靜與平穩。研究顯示，情緒與全身各器官功能的變化直接有關。不良的情緒會擾亂神經系統，導致孕婦內分泌紊亂，進而影響胎兒的正常發育。孕期穩定的情緒和好心情有助胎兒情緒健康 EQ 的成長。孕媽媽懷孕時期要面對不同的身體不適、改變和壓力，丈夫和家人的陪伴和支持非常重要，多交流問候及分擔有助孕媽媽保持積極穩定情緒。

CHUBE3S™

www.chubees.com.hk

香港嬰幼兒用品品牌

紗巾系列

純白紗巾（6條裝）
原價：HK$28

彩紗巾（4條裝）
原價：HK$26

雙層紗巾（1條裝）
原價：HK$30

浴巾被仔系列

純棉大浴巾
原價：HK$125

冷氣紗被
原價：HK$98

四季紗被
原價：HK$220

抵買系列

初生帽
原價：HK$32

安撫巾
原價：HK$138

純棉口水肩
原價：HK$28

實體零售點

千色店
永安百貨
先施百貨
AEON STORE
APITA

FACEBOOK

E-SHOP

Chubees - Life is a Gift

孕婦小心
勿胡亂食藥

專家顧問：林兆強 / 婦產科專科醫生

　　有病應該盡早醫治，這是老生常談，但不少孕婦都擔心藥物會對胎兒造成負面影響，甚至導致畸胎，而耽誤醫治，這其實可能反而為胎兒帶來風險，看看婦產科專科醫生的意見吧！

建議孕婦打流感疫苗。

　　有些孕婦會發現身體比懷孕前多了病痛，這是因為荷爾蒙變化的影響，所以孕婦應小心保重身體，一旦不幸染病，也不要胡亂購買成藥，必須諮詢醫生的建議，跟從處方用藥。

孕婦抵抗力較低

　　婦產科專科醫生林兆強指出，孕婦在懷孕期間，身體抵抗力會下降，原因是體內荷爾蒙變化，降低身體的免疫系統反應，以讓母體不會因此排斥胎兒。另外，如孕婦在懷孕早期出現嚴重孕吐，影響營養吸收，亦會令免疫力下降。此外，孕婦情緒焦慮、休息不足等亦會令身體免疫力下降。

整個孕期用藥都應小心

　　孕婦在懷孕期間用藥必須非常謹慎，如用藥不當會危及胎兒，造成嚴重後果，藥物對胎兒的直接影響最高危的時候，是孕早期的 3 個月，因此時候是胎兒器官形成的關鍵時刻，其中樞神經、心臟、耳、眼、肢體、生殖器官都在此時期形成。然而，孕婦在整個孕期用藥都應非常謹慎，對於藥物的使用，必須由合資格的醫生作出處方，並嚴格遵從。

不應隨意拖延治療

　　很多孕婦因為擔心西藥可能對胎兒有影響，所以自己去買標

很多產前抑鬱多屬輕度至中度。

榜天然中草藥成份的成藥，或其他坊間的藥物替代品，但因為多半的中草藥都沒有經過研究證明對孕婦安全，所以最好還是不要胡亂嘗試。除了必要的時候，例如身體已經非常不舒服，或會影響生活等，這些時候孕婦不應該拖延治療，應該盡快尋求醫生協助。

藥物五級制

孕婦使用藥物需要非常小心，因為有很多的藥物，如在懷孕時使用，有可能影響胎兒。對於孕婦用藥安全性，可參考美國食品及藥物管理局（FDA）的藥物五級制分類。

FDA 的藥物五級制

級別	定義
A	針對孕婦所做的研究，有足夠的證據藥物用於懷孕初期及後期皆不會造成胎兒之危害，例如維他命補充劑、葉酸。
B	動物實驗證實對動物胎兒無害，但缺乏對孕婦的研究，許多藥物均屬此類，例如必理痛。
C	動物實驗顯示對胎兒有害，但沒有孕婦的實驗數據，例如精神料藥物、止嘔藥。
D	已有實驗證實對人類胎兒之危害，但緊急或必要時仍可使用，例如抗癲癇藥。
X	證實對胎兒有害，且使用後其危害明顯大於其益處，例如治療青春痘的維他命 A 酸、降膽固醇藥物。

孕婦在整個孕期用藥都必須嚴格小心，A、B 級藥物大致安全，而 C 級藥物，因對人體試驗數據不足，醫生通常較難對孕婦提出具體建議，要視乎孕婦願意承受的風險。有些孕婦在孕期不幸患上抑鬱症，而抑鬱藥屬於 C 級，所以醫生在處方時，必須謹慎小心平衡胎兒及母親的利弊，很多產前抑鬱多屬輕度至中度，可考慮使用心理治療，而藥物治療應留作最後的防線。

孕婦應在醫生建議下使用藥物

孕婦如在服用藥物後才發現懷孕，應將服用藥物的名稱、劑量、何時開始服用等資料告訴產檢的醫生，醫生便會根據藥物的類別，作出專業的判斷及持續監測胎兒及母體的情況。

孕婦在孕期用藥必須注意以下事項：

❶ 處方時要確切告知醫生，你是否懷孕或備孕中有否長期服用某些藥物，有否藥物過敏史。

❷ 應按照醫生的指示服藥，不可隨意加減或停藥。

❸ 服藥後，如有任何不適或副作用，應立刻停用並求醫。

❹ 注意藥物有效期限及貯存方法。

❺ 抗生素類藥物要按指示完成療程。

❻ 不可隨意於藥房購買任何成藥。

建議孕婦打流感疫苗

可能很多孕媽媽會對應否打流感疫苗有疑惑，林醫生指每年流感高峰期，政府均會建議孕婦接種流感疫苗，以預防流感及減少併發症，因孕婦如不幸感染流感，出現急性心肺疾病的比率、住院率及死亡率都會比非懷孕的女性為高。另外，胎兒流產、死胎、早產及低出生體重的比率也會增加。

衛生防護中心曾於上年表示，近年本港百日咳個案有所上升，中心轄下的疫苗可預防疾病。衛生防護中心科學委員會建議，孕婦無論過往曾否接種百日咳疫苗或曾否感染該病，均應接種一劑無細胞型百日咳疫苗，每年亦應接種當季滅活季節性流感疫苗。

菲傭 VS 印傭

孕媽點揀好？

專家顧問：陳翠珠／外傭中心分區經理

　　雙職媽媽，分身乏術，自然要找得力助手，在家幫忙照顧子女。誠言，要請工人代管家中大小事務，誰不感懊惱？單靠面試的數十分鐘，已經要「扑槌」，難度極高。最費煞思量是——菲傭、印傭，誰是最佳助手？

香港大多數的家庭，普遍聘用菲傭或印傭，來自不同國家，其教育程度、衛生程度、服從性等差異極大，可說各有千秋。以下為大家比拼菲傭與印傭，看看兩者中，誰能脫穎而出。

菲傭 vs 印傭

教育程度
✔ **菲傭**：一般擁有等同香港中六的學歷程度。

印傭：學歷偏低，只有香港初中教育程度。

海外經驗
菲傭：多數在加拿大、澳洲、墨西哥等地工作，其次是香港，由於菲傭的年齡較高，而香港僱主傾向聘用年紀較輕的傭工。

✔ **印傭**：大多數曾到新加坡、台灣、馬來西亞等地工作，始終是東南亞地區，其起居飲食、文化及生活水平與香港較接近。如果選擇印傭，宜選曾出國者。

精通語言
菲傭：主要以英語溝通，略懂廣東話；當地政府會向菲傭提供兩星期的訓練，以便適應來港工作。

✔ **印傭**：語言天份較強，僱主只需給予三個月時間，已學懂當地語言。印尼培訓僱員中心會提供 3 個月訓練，每天均需學習 4 小時廣東話，其餘時間便學做家務、照顧 BB 等。假如家中有長輩不諳英語，印傭可用廣東話，便於溝通。

湊 BB 能力
菲傭：有些可能不願意晚上起床照顧 BB，埋怨較多；有些年資較長的菲傭，份外計較，知道要照顧初生嬰兒，未必會接受聘請。

✔ **印傭**：大多數也願意晚上照顧 BB，因為較年輕，體力也較佳，對僱主較少埋怨。

廚藝
菲傭：烹調西餐為主，如三文治、沙律、意粉等，需視乎僱主的個人口味。

✔ **印傭**：食物較為濃味，調味料較多，以煎炸食物為主，但與中國菜式較貼近。

衛生程度

✔ **菲傭：**國家環境較佳，教育程度高，相對衛生程度也較好。

印傭：大多數家庭以務農為生，衛生環境較差，未必能追貼香港僱主的衛生要求。

宗教信仰

✔ **菲傭：**多信奉基督教或天主教，可能要求星期日放假到教堂，也有些會在星期四或六上教堂，僱主需與她們協商。

印傭：大多信奉回教，不吃豬肉，伊斯蘭曆法的第九個月為齋戒月，每天要入夜才可進食；僱主要先詢問她們是否進行齋戒，以免不夠體力應付日間工作。

服從性

菲傭：自主性較強，因較有經驗，未必跟從僱主守則。

✔ **印傭：**訂下的規條，大多會服從，並且知道甚麼該做、不該做。

聘請菲 / 印傭注意事項

	僱主須知	面試必問
菲傭	• 菲傭可以選擇的工作地區較多，如加拿大、墨西哥等，易取得簽證，有機會在申請 3 個月後拒絕來港，所以最好提早半年聘請。 • 菲傭要預支一筆費用予當地的招聘公司，她們可能不夠費用繳交，便不能來港。 • 如果菲傭由菲律賓入境，僱主除了在港為她購買保險外，還需向當地政府購買保險。若菲傭已在本地工作，則毋須支付。 • 宜先在面試說清楚所有規條及細則，免得受聘後起爭議。	• 可以接受沒有獨立房間嗎？ • 如果安裝閉路電視，會否介意？ • 星期日會否放假？ • 是否願意一同外出，以便照顧BB？ • 告訴她們所住地區，詢問她們的意願。(她們傾向選擇香港區，方便假日在港島區活動，因車費較便宜，要不然，可以提供交通津貼。)
印傭	• 先問清楚是否有海外工作經驗，除非僱主可自行教授，否則宜選有海外經驗者。 • 如果印傭需進行齋戒，僱主是否介意，或擔心她們的體力問題。 • 印傭需要有工作時間表，因她們習慣跟從指令工作。 • 切勿責罵印傭為豬，因她們視豬為不潔。	• 打算在港工作多久？(以便知道其計劃) • 沒有獨立房是否介意？ • 如有寵物，先詢問是否介意照顧狗隻？(因回教徒大多介意) • 是否進行齋戒？ • 測試她的危險意識。

Case 1：聘印傭媽媽心聲

囝囝姓名：利晴葳　　**印傭姓名：**Yati　　**聘用印傭年期：**約 4 個月

語言零隔膜

Phoebe(左)待 Yati(右)如至親，令她有歸屬感。

　　Phoebe 聘請印傭，原因只得一個，「由於奶奶偶爾會來我家看 BB，而印傭懂得用廣東話與她溝通，所以一直也想請印傭。」Phoebe 確實是一個好僱主，把 Yati 當作家人般看待，「我們會一起吃飯，想讓她知道她並非工人，而是我們的協助者，從而增加在這兒的歸屬感，也會愛錫 BB 多一點。」Phoebe 絕非紙上談兵，她會攜同 Yati 出席家庭活動，讓她也可以輕鬆一會。同時，Phoebe 也稱讚 Yati 服從性高，「雖然她已在港工作十年，但也樂於配合我的工作時間表，很多事情教一次已學會。」也許，Phoebe 明白人是沒有十全十美，她對 Yati 從不採用「高壓政策」，反而讓她忙中有歇息空間，「平日只要求她專心湊 BB，待我放假幫忙照顧 BB 時，她才做家務。」如此體恤的僱主，相信 Yati 也會用心對待。

Case 2：聘菲傭媽媽心聲

囝囝姓名：Gillian　　**菲傭姓名：**Maryann　　**聘用菲傭年期：**約 6 個月

慎防面試陷阱

Priscilla(右)認為有海外經驗的 Maryann(左)，衛生程度貼近香港僱主。

　　這次並非 Priscilla 第一次請工人，早在囝囝未出世前已聘用，但卻有以下經驗，「當時，僱傭公司讓我面見菲傭，她聲稱菲傭是取得旅遊簽證來港；如有這情況，要特別小心，可能是菲傭遭前僱主解僱，仍需留港一段時間才回菲律賓。」然而，Priscilla 卻在不知情的情況下，聘用了她，「由於 BB 出生後，比較忙碌，她開始原形畢露，埋怨、黑面、做事馬虎，於是決定辭退她。」其後，朋友介紹另一所僱傭公司，便聘用了 Maryann，「可能她曾在新加坡工作，那兒的僱主要求嚴格，相對衛生意識較高，例如她懂得用不同的布來洗碗及抹爐等。」為免 Maryann 經常與菲傭聚會，Priscilla 要求她平日放假，「怕她跟隨其他菲傭，容易學壞，平日放假可減少此情況發生。」

懷孕保險
投保 4 大注意

專家顧問：呂鳳珠 / 保險業專家

懷孕為準爸媽的生活帶來巨大轉變，喜悅固之然有，但面對這未知的十個月，油然而生的壓力和擔心亦不少。近年就有保險公司推出獨立懷孕保障產品，先以孕婦為保障目標，分娩後之保障則可轉移至嬰兒，為準媽媽及新生兒提供更全面保障，紓緩懷孕帶來的種種焦慮。

1. 注意等候期

　　市場上各個計劃的投保時限均有不同，準爸媽在購買懷孕保險產品時，應比較各個計劃的投保時限及等候期。所謂的「等候期」是指受保人要待等候期完結後懷孕才可獲得保障，而等候期一般長達一年。如果已懷孕的準媽媽想即時獲得保障，可以考慮一些不設等候期及可在確定懷孕後才購買的懷孕保險，但須注意的是，有些保障或會要求準媽媽在指定懷孕周數前投保。呂鳳珠則指 AXA 安盛的「摯保寶懷孕親子保障」無等候期，購買後即馬上開始受保。呂鳳珠提醒投保人亦需注意「投保期」。安盛「摯保寶」接受已懷孕 7 周至 30 周 6 天者投保；而蘇黎世「孕寶保」手術現金保險計劃則接受懷孕 13 周至 36 周者投保。換言之，太早或太遲都無得保。

2. 注意保費和賠償額

　　呂鳳珠籲投保者要留意保費和賠償額及年期的比例。呂鳳珠

調查顯示 準爸媽對懷孕風險欠認識

　　於 2015 年 5 月公佈的「AXA 安盛生活指數」調查就發現，很多有計劃於未來五年生兒育女的準爸媽對懷孕及分娩時的風險缺乏了解。雖然有八成的準爸媽都指有留意懷孕及初生兒風險，但過半數對懷孕併發症及嬰兒先天性疾病就鮮有認識，如對妊娠急性脂肪肝、胎盤植入、先天性肛門閉鎖、先天性心房中隔缺損、心室中隔缺損及先天性膈疝等聞所未聞。而於未來五年有生育計劃並已購買健康

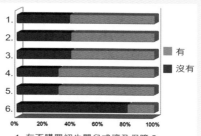

1. 有否購買初生嬰兒或懷孕保障？
2. 聽聞過「早產兒視網膜病變」？
3. 聽聞過「先天性隔疝」？
4. 聽聞過「心房中隔缺損」？
5. 聽聞過「心室中隔缺損」？
6. 有留意懷孕風險？

保障計劃的受訪者中，更有 62% 是未有購買初生嬰兒或懷孕保障。AXA 安盛首席壽險產品總監呂鳳珠女士表示，調查發現準爸媽對風險的不了解情況令人憂慮，認為準爸媽必須提升對懷孕保障的認知，確保母親及嬰兒在懷孕前後獲得適當的保障。另外，她又強調，人生不同階段應該有不同保障，懷孕正正是人生一個極重要的階段。

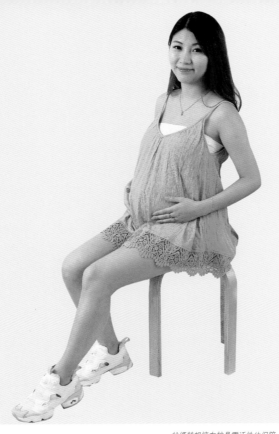

指如投保安盛「摯保寶」，只要在受保期內投保，無論是懷孕 7 周還是 30 周，對保費都無影響。不過準媽媽的年齡對保費則有影響，以標準級別為例，37 歲或以上的投保人之保費逾 6,080 元，較 25 歲至 30 歲的投保人之保費貴約 700 元。另外，值得留意的是，雙胞胎亦會受保而不須額外加保費，但保額則有雙份，變相是有優惠。安盛「摯保寶」主要為孕婦懷孕時期的併發症（為 8 萬港元）、嬰兒先天性疾病提供保障（標準保障為 8 萬港元），以及住院現金保障（每天 500 元，總計最多 25 日）。另設有新生兒獎賞，在 BB 出生後，投保者可享有新合資格保單的約 1 個月或 3 個月保費回贈，回贈金額上限為「摯保寶」一筆過繳付保費的 50%。

3. 注意計劃保障範圍及年期

因為妊娠風險較大，所以市場上大部份醫療保險均會把分娩

及懷孕所引致的症狀列為不保事項。若果準父母想為懷孕過程及新生嬰兒提供保障，可考慮購買懷孕保險。現時市場上有部份懷孕保險計劃可獨立購買，另有一些為附加契約，即要求投保人先購買該公司的其他保障計劃，然後把懷孕保障附加於該計劃上。兩者各有好處，但準爸媽若想擁有較具靈活性的保障，可選擇獨立購買懷孕保險。

安盛「摯保寶」懷孕併發症能保障的懷孕併發症包括：懷孕第三期胎死腹中、先兆子癇或子癇、胎盤早剝、胎盤植入、羊水栓塞、妊娠急性脂肪肝、妊娠瀰漫性血管內凝血、產後出血引致子宮切除術等。如媽媽不幸因懷孕身故或有醫療事故都可以保障。不過，亦有個別情況不受保障，例如：人工受孕（但子宮內人工授精或宮頸內人工授精則受保）；低於 18 歲或高於 45 歲；超過雙胞胎（三胞胎或以上），則要外加保費，亦要個別核對。

蘇黎世提供的計劃主要為孕婦產後指定手術、流產或因醫療原因之合法人工流產提供一筆過賠償，投保人須注意，蘇黎世計劃表明，孕婦於任何香港境外發生的受保事件，保障額將較原先保障額減半。至於沒有提供獨立保障計劃的保險公司，以保柏為例，可讓客戶於基本住院計劃以外自選「產科保障」，保障懷孕與分娩期間的必然性開支，如產科醫生費、住院分娩費、產前及產後檢查費和住院期間的初生嬰兒護理費用等；但產科保障必須與住院及手術保障一同投保，並非一份獨立的保單。

4. 注意如何轉給嬰兒

BB 如患先天性疾病能獲一筆賠償，亦有每日住院現金賠償。呂鳳珠指市面上大部份保單不保初生嬰兒，即使想為嬰兒在出生後買醫療保障亦可能要等至半個月大才受保，而且會有等候期。但在「摯寶保」計劃內，BB 一出生就有醫療保障，如因為早產而入 ICU 或照燈，住院有每日現金賠償，保障年期達三年，即是可以保障 BB 到兩歲多。而且，保障包括 22 種先天性疾病，如：肛門閉鎖、先天性雙目白內障、先天性雙耳失聰、嬰兒腦積水、唐氏綜合症等。

而蘇黎世「孕寶保」的保障亦可在分娩後轉至出生並滿 14 日之嬰兒，住院現金保障範圍涵蓋任何手術（小型手術每次 4,000元；非小型手術每次 8,000 元），36 個月後則有先天性疾病之保障，兒童每保單年度最高保障為 2.4 萬元。

胎盤早剝是一種嚴重的孕期併發症，會引起大量出血，對孕婦和胎兒都很危險。

知多啲：新生兒及懷孕醫療風險一覽

❶ 早產兒視網膜病變： 由於新生兒呼吸功能不完善，其死亡大多數直接或間接地與缺氧有關。醫生幫助其使用鼻導管吸氧、頭罩吸氧甚至在暖箱吸氧，或者給早產兒上呼吸機。但因為原本早產兒肺部發育不完善，甚至不能正常呼吸，在搶救過程中使用高壓氧也可能誘發其視網膜病變。

❷ 心房中隔缺損： 由於心臟的心房間隔先天性發育異常所致的右心房和左心房間的異常連通，長久下去會令其中一邊心房負荷增加最終導致梗阻性肺動脈高壓，引起發紺。而在嬰兒期被發現以及缺損面積在 8 mm 以下的患者較容易自然癒合。

❸ 羊水栓塞： 胎兒羊膜腔內的物質進入到母親的血液，堵塞於患者的肺動脈內，引起患者的肺動脈（強烈）痙攣，使得肺動脈壓急遽升高後導致患者發生的一系列病理生理變化，如呼吸困難，嚴重者會導致死亡。

❹ 胎盤早剝： 是一種嚴重的孕期併發症，指正常位置的胎盤在胎兒出生前就部份或全部從孕婦子宮壁上剝離。此情況會引起大量出血，對孕婦和胎兒都很危險，還會阻斷胎兒的氧氣和營養供應，增加胎兒出現發育問題、早產或胎死宮內的風險。

澳洲製造

100+位 濕疹B媽分享*

4大功效 保濕 止痕 抗菌 抗炎

天然成分，
無類固醇

嬰兒濕疹
修護沐浴油

嬰兒濕疹
修護霜

榮獲澳洲政府
TGA醫療級認證#

產假、侍產假
延長點睇？

　　產假及侍產假延長已生效，作為父母界的一份子，當然最為高興，對於方案的推行，各方都會持有不同看法。本文訪問了 3 類相關人士，包括在職媽媽、爸爸及僱主，現在就來看看他們的意見吧！

產假：由 10 周增至 14 周

勞工及福利局局長羅致光表示，國際勞工組織建議產假為 14 周，內地產假也達有關水平，本港產假現已上調至 14 周。但延長產假涉及金錢和人力問題，港府會考慮參考新加坡過去延長產假的做法，即由僱主負責原有支出部份，新增支出就由政府包底。

侍產假：由 3 天增至 5 天

侍產假由 3 天增至 5 天，休假期間僱員支取的人工，維持按工資五分四計算。

各地產假情況

地區	周數	薪酬
日本	14 周	60%
韓國	13 國	100%
中國	14 周	100%
台灣	8 周	100%
新加坡	16 周	100%
意大利	22 周	100%
美國	12 周	0%
香港	14 周	80%

各地侍產假情況

地區	日數
日本	5 天有薪
韓國	3 天（有薪）、2 天（無薪）
台灣	5 天
澳門	2 天無薪
新加坡	14 天
瑞士	10 天有薪
香港	5 天有薪

國際建議

國際勞工組織於 2000 年制訂的《保護生育公約》，建議產假應具備 3 個主要特點，包括產假為期最少 14 星期，其間的支薪比率不應低於僱員原有收入的三分之二，透過供款式社會保險計劃或公帑支付有薪產假。

103

媽媽意見

在職媽媽 Shirley：放半年產假助餵母乳
職業：會計

延長產假非常好，因為媽媽的確需要時間復原，只有 10 星期實在太少。我認為應該放半年，生產前 1 個月養胎，產後 5 個月調理身體和照顧初生嬰兒。因為世衞亦鼓勵母乳餵哺至嬰兒 6 個月大，而要上班的媽媽其實很難維持到。

難維持的原因：一來不是每個辦公室都有空間供媽媽泵奶，二來即使有地方泵奶，亦要有時間，如果泵得密，每天都要泵 3 次，上班卻不容許泵得這樣密。如果延長產假是政府政策，就不怕招人話柄，可成媽媽的保障。其實外國很多地方都容許放產假半年以上，香港也應該趕上其他國家的做法！

在職媽媽 Rita：延長侍產假不容忽視
職業：金融

很贊成今次方案的推行，尤其是爸爸的侍產假！環顧世界，香港的產假和侍產假都比其他已發展國家少。有一些比較為員工設想的公司，會有額外的產假，相反有額外侍產假的真的不多，即使有也只多一、兩天，其實並不足夠。

小朋友出世後首一、兩個月，其實新手父母和 BB 都需要時間適應，初生 BB 半夜需要換片、食奶，如果爸爸有一個比較長的假期，可以一同照顧 BB，這樣媽媽就會輕鬆得多，對於復原相當有利。我認為侍產假最少應有 10 天，如果以最理想計，能有一個月就非常好！

律師媽媽 Catherine：政府資助增落實機會
職業：律師

以法律的觀點看，政府延長產假的方案，當然對現職媽媽提供更多的支援和保障。部份媽媽為免向公司額外申請無薪假期，如法例通過，可減低因無薪假期而與僱主有可能引致的勞資問題。

在實行的層面，方案實施有一定難度，僱主由於要撥出額外資源應付延長產假的安排，例如增發加班工資或假期予員工以應付工作量，或者僱主要增聘人手。如果由政府資助開支，可間接

減輕僱主的負擔，反對聲音會相對較少。

　　我個人就覺得 4 個月的產假最合理，因太早復工亦未必是媽媽的最佳狀態，會影響工作效率。而且初生兒在出生首幾個月很需要媽媽的貼身照顧，尤其是選擇餵哺母乳的媽媽，如有更長時間埋身餵哺的機會，對 BB 的發展會更好。對媽媽來説，更可減低患產後抑鬱的機會。

爸爸意見

育有一女爸爸阿文：循序漸進方針可接受
職業：媒體

　　十分歡迎延長產假和侍產假的政策。侍產假若只得 3 日，實在太少，轉眼就放完。太太要休養和照顧小朋友，有時又要外出，未必可應付這麼多，丈夫放假就可以幫輕很多。個人認為侍產假可放 1 至 2 星期，政府現時的方針看得到是循序漸進，逐步增多，我認為可以接受。

　　至於產假方面，理想的來説，應該以小朋友不太依賴母乳為準，即大概 4 至 6 個月。過往 10 周的產假，媽媽最多只可餵母乳兩個多月左右，小朋友還未到離乳和加固階段；其實政府現在也十分鼓勵餵母乳，所以產假的長度也應該配合鼓勵母乳餵哺的政策。

　　至於政府資助公司開支，我就認為不太需要，因為這不是一個福利政策，企業應有自己的責任，不應依賴政府。作為對員工的支持，以及員工福利，由公司支薪給員工是合理的。

育有一子爸爸 Victor：BB 出生也影響爸爸
職業：銀行

　　十分支持延長產假和侍產假。在爸爸的角度來説，爸爸半夜要起來幫忙照顧 BB，即使不用幫忙，初生 BB 半夜會喊，爸爸也很難可以睡得好，在日間的工作效率也會被受影響。在 BB 初生的階段要上班，實在不是一件容易的事，爸爸也需要時間去適應新的生活模式，同時媽媽又需要爸爸的支援，所以我認為侍產假最少也應該要有 10 天。

僱主意見

延長產假易引連鎖反應

侍產假可以多放幾日，明白到男性員工若能夠把家庭照顧好，工作上亦會盡力做好，同時多幾天侍產假，可作為對優秀員工的獎勵，有助提升士氣。至於產假方面，我認為過往 10 周產假亦足夠，如果把產假延長至國際標準的 14 周，增幅太大，對於大公司可能還有能力應付，但對中小企就會構成巨大負擔，尤其是某些類型的工種。

產假增多需要其他同事分擔放產假同事的工作，如果無法分擔，就需要增聘人手，使營運成本增加。再者，延長產假會引發公司內部許多矛盾，例如其他同事對懷孕一事變得敏感，甚至排斥懷孕的同事；生兒育女本身是開心事，但卻可能因此鬧出很多不愉快事件。雖然如此，我亦會尊重法律，遵守政府的規定。

幼兒教育機構僱主：
自由選擇放無薪假更好

侍產假方面放多兩日沒有問題；但產假跟國際看齊增至 14 周，對中小企無疑是一個負擔。因為若不是大公司，未必會有足夠同事可以應付放產假同事的工作，即是公司要額外招聘人手，但同時又要照樣支付放產假同事的工資，尤其 14 周真的是一個大負擔。

與其如此，我認為不如立法規定可自由選擇放最多 20 周產假，但當中只有 10 周是有薪，這樣正可減輕中小企的負擔。而政府計劃補貼薪金，其實不如直接資助媽媽，因為並不是所有媽媽都想放這麼長的產假，例如一些做 i-bank、sales 的媽媽，放

產假只得底薪，沒有佣金，變相少了很多奶粉錢！立法規定有 14 周產假，好像逼媽媽放假，倒不如規定最多 20 周，其中 10 周有薪，其餘就直接資助媽媽！

全新2022
Mica Pro Eco
Car Seat
汽車座椅

~0"–4" 初生至約四歲幼童適用
(承重18公斤)

360° FLEXI SPIN FlexiSpin 360° 旋轉式座椅，
單手輕鬆操作

G·CELL G-CELL 2.0 升級3D蜂巢式
側面衝擊技術

CLIMA FLOW ClimaFlow 透氣面料，
時刻保持舒適

ECO CARE 布料100%由回收
材料製作而成

reddot winner 2022
Reddot award winning product

EUGENE**baby**府花. EUGENE**baby**.COM

maxi-cosi.com

MAXI·COSI®
We carry the future

Part 2

分娩前後

陀 B 十個月，是時候寶寶出世了，

此刻，是孕媽媽心情最複雜和緊張的時刻，

始終臨門一腳，最為關鍵。分娩前後，

遇到的問題不比陀 B 時少，而且有些問題更棘手，

本章列出十多個問題讓孕媽媽了解，不容錯過。

孕媽急產

有危險嗎？

專家顧問：鄧曉彤 / 婦產科專科醫生

　　據統計，平均每 100 個孕婦中有 3-5 人屬於急產狀況，發生率低於 5% 以下。如果不慎發生急產時，下一步你該怎麼做？急產又有甚麼危險呢？哪些媽媽屬於高危險群？本文婦產科醫生為你解答。

何謂急產？

婦產科醫生鄧曉彤表示，一般正常的狀況下，產婦分娩分為一、二、三產程。第一產程就是指開始有規則陣痛，到子宮頸全開 10 厘米的時間，10 厘米一般亦相等於胎兒頭直徑長度。而第二產程則是子宮頸全開，至胎兒成功出世為止。整個分娩過程，從開始規律性陣痛到生產結束，不應少於 3 小時。而不足 3 小時的，就稱為急產。急產發生率大約是 2%，在曾有生產經驗的媽媽身上比較常見。

急產成因

引起急產的原因有很多，例如不足 36 周的早產嬰、胎兒過小、雙胎、胎位不正、胎盤異常，18 歲以下或 40 歲以上的孕婦都是常見的風險因素。其次，假若孕婦患有貧血、甲亢、高血壓等疾病，或沒有遵循常規產前檢查，亦會增加出現急產的機會。

急產危機

聽起來，急產媽媽由於產程快，痛的時間短，好像很吸引，但事實並非如此。鄧曉彤指出，對於急產的產婦來說，生產的時間雖然大幅減短，但是急產時的宮縮力度過強、頻率過快，急速將胎兒娩出，很容易造成會陰撕裂，也有機會出現產後感染，以及產後大出血。對於胎兒，子宮急而快地收縮，大力度和高頻率的宮縮，產婦子宮收縮的間隔倘若過短，容易影響胎盤血液循環，胎兒在子宮內有機會出現缺血、缺氧的狀況，進而發生宮內窘迫。同時，胎兒出生過快，由於宮內和外界壓力的變化，極容易造成嬰兒皮膚下的微絲血管破裂，因此急產的嬰兒面部及身體經常出現發紅發紫，以及細小的出血點，嚴重的更可能造成頭部血管破裂，發生顱內出血。再者，因嗆羊水而出現胎兒窒息，甚至出現新生兒肺炎於急產嬰兒亦較為常見。假若急產過於緊急，在非醫務場所發生，由於消毒措施不夠，亦容易造成新生兒臍帶感染。

3 大產兆

為了避免出現急產而不能及時抵達醫院，最重要是認識三大產兆，盡早到醫院作進一步檢查。見紅、穿水、陣痛這 3 大產兆相信大家都略知一二。

見紅時流出的血液一般呈鮮紅。　　　　　當嬰兒出生後，必須先將他包裹好以保暖。

❶ 見紅： 見紅顧名思義，就是陰道出血。由於胎兒下降時，子宮頸擴張並與胎膜分離，血液加上子宮頸內黏膜一起流出，因而出現見紅跡象。見紅時流出的血液一般呈鮮紅，相當稀釋，並帶有黏性的分泌物。

❷ 穿水： 是指羊膜穿破，大量無色無味的羊水從陰道不能自控地自然流出。

❸ 陣痛： 是有規律而持續的腹痛，開始時每 1 或 2 小時陣痛一次，相隔時間逐漸減少，腹痛時間卻逐漸加長，而且強度加劇。

急救要點

如果不幸，急產發生在家中或路上，孕媽媽及準爸爸必須注意以下的急救要點：

❶ 產婦不要用力屏氣，盡量張開口呼吸。

❷ 嘗試於周邊尋找乾淨的布、酒精（如沒有可用白酒），再打火機略燒剪刀來作毒，用以協助接生。

❸ 當嬰兒頭部露出時，用雙手托住頭部，切忌硬拉或扭動。

❹ 當嬰兒露出肩部時，記緊用雙手托着嬰兒頭和身體，慢慢地向外提出，並等待胎盤自然娩出。

❺ 當嬰兒出生後，必須先將他包裹好以保暖，用乾淨柔軟的布擦淨嬰兒口鼻內的羊水。不要剪斷臍帶，並將胎盤放在高於嬰兒或與嬰兒高度相同的位置。

❻ 最後，盡快將產婦和嬰兒送往醫院。

預防大出血

急產有機會影響子宮收縮，導致大出血，假若在醫院內，當然醫生有很多幫助子宮收縮的藥物，如 syntocinon、oxytocin、 carbetocin 可以使用。但假若來不及抵達醫院，又有甚麼方法處理呢？首先記緊不要大力移除胎盤，讓它自然娩出。另外，胎盤娩出之後立刻按摩子宮底，一直到子宮收縮，以至到達醫院為止。

Q & A

Ｑ 急產是否會伴隨早產發生？

Ａ 早產是其中一個急產的風險因素，主要因為胎兒細小，子宮頸有時即使未開至 10 度，胎兒亦已經誕生了。再者，由於未足月，子宮還偏細，因此陣痛的感覺亦沒有那麼強烈，已至病人入院時子宮頸已經開始擴張而不為意。所以倘若在未足月時，孕婦感受到規律性宮縮，建議盡快尋找婦產科醫生作進一步檢查。

Ｑ 為甚麼說「急產」不一定是好事？

Ａ 急產孕媽媽由於產程快，痛的時間短，好像很吸引，但事實並非如此。對於急產的產婦來說，生產的時間雖然大幅減短，但是急產時的宮縮力度過強、頻率過快，急速將胎兒娩出，很容易造成會陰撕裂，也有機會出現產後感染，以及產後大出血。對於胎兒，子宮急而快地收縮，大力度和高頻率的宮縮，產婦子宮收縮的間隔太短，容易影響胎盤血液循環，胎兒在子宮內有機會出現缺血，缺氧的狀況，進而發生宮內窘迫。

同時，胎兒出生過快，由於宮內和外界壓力的變化，極容易造成嬰兒皮膚下的微絲血管破裂，因此急產的嬰兒面部及身體經常出現發紅發紫，以及細小的出血點。嚴重的更可能造成頭部血管破裂，發生顱內出血。再者，胎兒因嗆羊水而出現胎兒窒息，甚至出現新生兒肺炎於急產嬰兒亦較為常見。假若急產過於緊急，而在非醫務場所發生，由於消毒措施不夠，亦容易造成新生兒臍帶感染。

Ｑ 孩子從急產中生出來了，產婦可以不用去醫院嗎？

Ａ 即使嬰兒已經誕生了，都建議產婦盡快到醫院檢查。首先要檢查產婦會陰有沒有傷口需要處理，另外亦要檢查胎盤是否齊全。這兩方面倘若沒有處理妥當，均有機會出現嚴重併發症以及產後大出血。同時，嬰兒亦需要進行初生檢查、血液檢驗以及疫苗注射。

人手調頭
矯正胎頭向下

專家顧問：方秀儀 / 婦產科專科醫生

　　希望自然分娩的孕媽媽，最怕 BB 遲遲都不肯把頭轉向下。除了「乾等」之外，究竟有甚麼方法可以令胎兒調頭呢？有項古老的技術到今天無論是香港或先進國家也在進行──「體外胎位倒轉術」，俗稱「人手調頭」。究竟是怎樣的呢？過程如何？由婦產科醫生為大家揭秘！

「人手調頭」歷史

婦產科醫生方秀儀表示，人手調頭技術，正式稱為「體外胎位倒轉術」（External Cephalic Version）。據説人手調頭於公元前 384-322 年，即亞里士多德年代已有。大概公元後 100 年，婦科醫生以弗所曾撰寫人手調頭的指引去減少併發症。

於 19 至 20 世紀初，人手調頭技術開始被法國和英國婦產科醫生接納及採用。於 1980 年代，人手調頭技術亦漸漸於美國興起。

相比以前，現代的人手調頭安全性較高，因為超聲波技術較先進、持續監察胎兒心跳、有藥物放鬆子宮，當有必要時也可進行麻醉。

香港情況

如於 35 至 36 周，胎兒仍未調頭，醫生會與孕媽媽商討人手調頭或剖腹產。在香港，選擇人手調頭的孕媽媽不多，根據其中一間醫院的數據，只有約 7% 的孕媽媽會選擇人手調頭，大多數的則會選擇剖腹產。

至於是孕媽媽要求或是醫生建議作人手調頭，要視乎個別臨床情況，醫生會幫助孕媽媽作出決定，看看是適合做人手調頭還是剖腹產。

執行人手調頭的婦產科醫生，需接受嚴格訓練，熟悉人手調頭的過程、運用超聲波及藥物以放鬆子宮。

人手調頭過程

❶ 程序前，孕媽媽需禁食，以及注射藥物以放鬆子宮肌肉。
❷ 醫生會於超聲波監察下於腹部子宮位置施力，將胎兒轉位，一般只需數分鐘便完成。
❸ 程序前後及期間，會嚴密監察胎兒和孕婦的情況。

胎兒何時調頭

方醫生表示，胎兒出生前在子宮內的姿勢十分重要，與孕媽媽會否順產或難產有重要關係。在正常的狀態下，胎兒浸泡於羊水中，因頭重腳輕的關係，自然會呈現頭下腳上的狀態，這在生產時最為順利。懷孕初期，胎兒會在孕媽媽的肚子裏轉來轉去，

通常到 30 周以上才逐漸固定下來，而在懷孕 36 周後，大部份胎兒都已轉為頭向下，但仍有 3 至 4% 的胎兒仍然腳朝下，稱為「胎位不正」。

胎位不正原因

羊水過多或過少

羊水過多會使胎兒活動範圍過大，當胎兒活動過大時就會使胎位變得寬鬆；而羊水過少則會造成胎兒活動範圍過小，無法正常活動和轉頭，導致胎位不正。

多胞胎

多胞胎會造成子宮內過於擁擠，胎兒的活動範圍便變小，因此無法正常活動，從而導致胎位不正。

胎盤前置

胎盤前置阻礙胎兒入盆，因而導致胎位不正。

骨盆狹窄

孕媽媽的骨盆狹窄或胎兒巨大等原因，都會令胎兒在子宮內無法轉身，導致胎位不正。

產婦腹壁鬆弛（如已多次懷孕）

腹壁鬆弛會造成腹肌對子宮失去支撐，變得鬆弛而導致胎位不正。

胎兒畸形

胎兒或子宮畸形都會影響子宮腔空間，造成胎兒在宮腔內的活動範圍變化，從而引起胎位不正。

子宮異常

若有子宮腔間隔、子宮肌瘤等情況，會影響胎兒在宮腔內的位置，導致胎位不正。

人手調頭風險與成功率

成功率：40 至 60%

風險：

- 胎兒心率減慢
- 羊膜穿破
- 子宮穿破
- 胎盤分離

- 於過程中臍帶脫垂

施行緊急剖腹產機率：0.5%

　＊人手調頭通常在產房附近進行。如果出現問題，必要時可以快速進行剖腹產手術。

不能作人手調頭情況

- 多胎懷孕
- 胎兒健康狀況有問題
- 生殖系統異常
- 胎盤位於錯誤的位置
- 胎盤遠離子宮壁（胎盤早剝）

注意事項

　採用人手調頭的孕媽媽應留意胎動及有否肚痛、陰道出血、破水，如有上述情況，應盡快求醫。

外國案例

　美國一名孕媽媽雲妮莎（Vanessa Fisher）在懷孕38 周時，由醫生進行了「人手調頭」。過程十分順利，她在 3 星期後成功誕下一名健康的男嬰。她回憶過程中身體承受了很大壓力，而感覺並不愉快，在某些位置甚至會感到疼痛，但信任醫生的專業技術，因此也忍着痛楚和咬緊牙關。

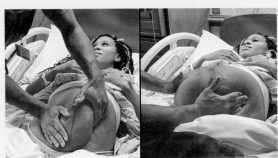

醫生為雲妮莎作俗稱「人手調頭」的「體外胎位倒轉術」。

雲妮莎的 BB 在「人手調頭」數周後健康出生。

（資料來源：*LAB Bible* 網站，*Nick Vanessa Fisher Facebook*）

新手孕媽媽
分娩通識

專家顧問：陳安怡 / 婦產科專科醫生

新手孕媽媽對於分娩的過程沒有經驗，對相關資訊也未必有很深的理解，而隨着預產期將近，準媽媽們既期待能見到自己的寶寶，但對於未知的生產過程和痛楚又感到畏懼，容易逐漸出現焦慮、緊張、壓力等心理現象，以下簡單分享一些準媽媽分娩時有機會遇到的情況，以及分娩後的護理和修復身體的方法。

認識懷孕期階段

婦產科專科醫生陳安怡表示，懷孕期一般會分為 3 個階段，每個階段胎兒都會呈現出不同的特徵。

懷孕三階段	時期	特徵
初期	第 1 至 12 周（首 3 個月）	胎兒的主要器官發育階段，例如心臟、腦部及神經系統、胃部、性器官、手和腳等等。胎兒的臉部特徵亦開始組成。
中期	第 13 至 26 周（即 4 至 7 個月）	部份的主要器官已經發育完成，除了肺部還在發展中。胎兒的性別也能夠在超聲波中分辨得到。胎兒開始在子宮裏活動，準媽媽慢慢會感覺到寶寶的動作，也會感覺到假宮縮。
後期	第 27 周後（即 7 個月後）	胎兒的身體各系統基本發育完成，肌肉逐漸形成並開始儲存脂肪。胎兒的頭部轉向骨盆，準備出生！

作動三徵兆

作產先兆即是作動的先兆，即是生產分娩前的特徵，這對新手媽媽來說是一種陌生的感覺。每位孕媽媽的情況都不同，而產兆沒有一定的先後順序，所以當有以下任何一種產兆都應盡快安排入院檢查：

見紅：當宮頸開始擴張和縮短時，子宮頸的黏液塞會剝落，形成陰道會有少量帶血的黏液流出。這些黏液可以呈粉紅色、棕色或血紅色。

羊水膜穿破：當包圍胎兒的液囊破裂，羊水便會不自控地由陰道流出。

陣痛（子宮收縮）：等待分娩過程裏陣痛會越來越頻密、有規律及強烈。

認識陰道分娩

陰道分娩屬於自然過程，在這個過程中，醫護人員除施行陰道檢查外，亦會按情況需要進行會陰剪開術或利用輔助儀器（如真空吸引術、產鉗）助產，以縮短生產過程，協助嬰兒出生。下

面來看看順產的一般情況，以及助產可能採用的技術。

順 產

子宮有規律地收縮，產生陣痛，隨後宮頸慢慢縮短、擴張，直到 10 度全開。

第一產程：由宮頸尚未擴張到十度全開。第一產程的時間可長可短，由數小時到數天也可。孕媽媽可以正常吃喝、下床走動、轉換待產姿勢、洗澡等，把握時間多休息。醫生和助產士會一直觀察孕媽媽的情況及定時進行檢查，包括胎心聲機、腹部檢查、陰道檢查、量血壓、驗小便。如果宮頸擴張理想，醫生可以人工穿羊膜和上宮縮藥水幫助加快產程。

第二產程：由宮頸十度全開到媽媽順利用力推出嬰兒。

第三產程：由嬰兒出生後至胎盤娩出為止。當嬰兒出生後，醫護人員會為媽媽注射藥物，幫助子宮收縮以防止產後失血現象。亦會幫嬰兒注射維他命 K，減低新生嬰兒出血的情況。

助 產

醫護人員會按情況需要，對產婦進行會陰剪開術或利用輔助儀器助產。

會陰切開術：在局部麻醉下於產婦會陰部位（即陰道口與肛門之間的部位）施行一個外科切口，藉此擴大陰道出口，以協助嬰兒娩出和避免陰道撕裂影響到肛門括約肌，並在分娩後縫合。

真空吸引術：利用金屬或塑膠製成的杯形儀器（真空吸引杯），經產婦陰道置於嬰兒頭部，連接真空吸引機，漸增至預設的負壓，以溫和拉力再配合產婦在子宮收縮時向下用力，幫助嬰兒娩出。

產鉗助產：利用左右兩葉合成的金屬產鉗，經產婦陰道置於兒頭兩側，產婦在子宮收縮及用力向下推時，利用產鉗牽引嬰兒頭部以助娩出。

剖腹生產

除了陰道分娩，剖腹生產也是很常用的分娩方法。剖腹生產是指經腹壁使嬰兒娩出的手術，最常施行的為子宮下段剖宮產術，即在子宮下段作一切口。前胎剖腹產、曾進行子宮肌瘤切除術、生產過程緩慢、引產失敗、胎位不正、巨嬰、嬰兒心跳緩慢

產後運動有助預防腰背痛。

懷疑缺氧、臍帶脫垂、胎盤前置、胎頭與骨盆不相稱、嚴重妊娠毒血症等情況便適合剖腹生產。

產後三大護理要知道

產後媽媽身體較虛弱，並且容易產生許多毛病，因此產後的護理同樣重要。陳醫生以下會講解產後常見的問題，以及如何做出相應的護理。

❶ **惡露：**「惡露」是產後陰道所排出的分泌物，包括蛻膜、子宮內的殘餘血液、紅血球、黏液及組織混合等。一般產後 6 星期內會停止，其間避免進食行氣活血的中藥、酒和薑醋。如果生產後 6 星期情況仍持續不停，便需要諮詢醫生。

❷ **會陰傷口護理：**每次大小便後或更換衞生巾時用花灑清洗，不需用梘液或消毒藥水，保持清潔避免傷口發炎。大部份傷口都是採用溶線縫合，因此不需要拆線，大概需要 4 至 6 星期完全癒合。

❸ 腹部傷口護理：這分別有需要拆線及不用拆線的。前者於拆線前避免傷口濕水，並保持乾爽，一般於產後第 5、6 天回醫院拆線。而後者出院後應保持傷口紗布完整及乾爽，其間不用清洗或消毒傷口，一般於產後 5、6 天，可自行除去紗布和「特別強力膠布」（如適用），並可照常洗澡。如皮膚傷口已癒合，不用再貼上膠布或紗布，也可以開始使用除疤貼或藥膏。

產後運動有助預防腰背痛

產後運動可幫助媽媽恢復體型、促進已鬆弛的腹肌恢復正常，同時亦可預防腰背痛。無論順產或剖腹分娩的媽媽，都可以因應自身的狀態在分娩後開始每天做產後運動。

鍛煉因分娩而鬆弛的肌肉

促進血液循環：當抱起寶寶、搬運物件或做家務的時候，都應該保持收緊腹肌和盆骨底肌肉，這樣可以減少背部肌肉的壓力。腹部肌肉未復原之前，不應做仰臥起坐或在仰臥時抬腿之類的動作。因為這些動作容易讓腹部、背部受傷。

強化會陰肌肉

預防小便失禁：懷孕時對骨盆底肌肉的負重壓力及生產時胎兒經過產道，導致陰道裂傷或支配提肛肌的神經血管斷裂，進而使到支撐膀胱、子宮、腸子的骨盆底肌肉萎縮、無力和鬆弛。骨盆底肌肉鬆弛會影響在咳嗽、打噴嚏、大笑、彎腰提重物等情況下發生漏尿的尿失禁情形，嚴重的甚至還有子宮脫垂與膀胱由陰道口脫垂的現象。

認識腰背護理

防止腰背痛：產後初期，腹肌支撐身體的力度較弱，背部關節筋腱仍然鬆弛，所以媽媽除了做產後運動之外，亦要注意日常動作姿勢護理背部。

加速體態恢復

恢復孕前體適能：由溫和的活動開始，然後逐漸增加活動的時間和強度。隨着腹、背肌強化，可以開始高強度活動。每個人的情況都不同，要以適合自己的進度循序漸進來鍛煉身體。

舒適睡眠
安枕無憂

ClevaFoam® 3大功能

- 減低寶寶頭部壓力達 50%
- 增加 80% 頭部支撐力
- 預防扁頭問題

Safe and Comfortable Sleeping

0-12m

12m+

0-6m

嬰兒枕頭
Baby Pillow - Classic

兒童枕頭
Toddler Pillow - Classic

嬰幼兒防扁頭枕頭
Infant Pillow

23cm

40cm

30cm

50cm

19cm

20cm

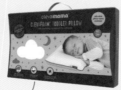

另可配替換枕頭套

兒童薰衣草精華枕頭
Junior Pillow

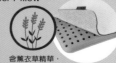

3yrs+

含薰衣草精華，
具舒緩及安寧功效

生B減痛
醒妳10式

專家顧問：林小慧 / 資深育兒專家、李秀麗 / 資深助產士

　　孕婦在誕下寶寶前，已要經歷 10 個月腹大便便，陀着寶寶四處走，還要忍受十級陣痛才誕下寶寶。為了減輕孕婦的疼痛感，以下將推介緩減陣痛的方法，希望能助大家減痛生 B。

陣痛點痛法？

從懷孕 37 周起，孕婦將要誕下寶寶，並有可能出現見紅、穿水、陣痛 (子宮肌肉收縮，將寶寶向下推，並準備生產) 這些情況；專家林小慧稱，若以上 3 種情況出現其中一種的話，就已經代表孕婦開始作動，並需要安排入院。而陣痛期間，孕婦會感到整個肚皮或恥骨位起開始抽動起來，肚子如石頭般結實。

一般來說，每次陣痛約維持 1 分至 1 分半鐘。初期陣痛是「不規則的陣痛」，就是說陣痛的時間約 1 分鐘，但痛與痛的相隔時間是不穩定，可能是隔幾小時才 1 次，但其後變得越痛及越密；快將生產時，每隔約 1 分半鐘就 1 次，這時可稱為「有規則的陣痛」，孕婦亦已進入產程的時段，需要在產房準備試生。

邊類孕婦特別痛？

林小慧表示，疼痛是種很主觀的感覺，很難界定那類孕婦會特別痛。如果孕婦本身是很怕痛的話，可能連初期的「不規則陣痛」亦會感到難熬。

另外，有些孕婦起初是未有陣痛，只有穿水或見紅情況；亦有些孕婦縱使有陣痛，但在某些情況下，醫生認為需要催生，令到子宮加快收縮的話，都會覺得特別痛。原因是用藥後，沒有讓子宮慢慢適應，反而令子宮突然加劇收縮。

10 式減痛生 B

如果孕婦在感到陣痛時，可以參考資深助產士李秀麗提供的以下方法，緩解痛楚：

1 式：冥想

孕婦可想着寶寶誕下後的心情，分散痛楚的感覺，以達到緩減陣痛的作用。冥想時，可以邊看寶寶的超聲波相片，邊想着很快可以與寶寶見面的情景，用想念寶寶的意志去忘卻痛楚。

2 式：拉梅茲呼吸

不少產前課程都會教授孕婦拉梅茲呼吸法，這個呼吸法透過呼吸，將大量氧氣吸入體內，促進血液循環，並將不好的雜質帶走，促進新陳代謝，從而改善身體。

同時，呼吸法有助神經肌肉控制運動，運用在生產時，使身體各部位的肌肉放鬆，緩減子宮收縮引起的不適。

按摩或穴位按壓。   聽音樂。

3 式：芳香療法

把精油搽在皮膚上，讓身體吸收，達致緩減陣痛的作用；精油能發出香味，平衡孕婦的情緒，減低其焦慮。此外，在過程中可以配合按摩或穴位按壓，如肚、腰、大髀內側等部位，便能事半功倍，而且基本上沒有甚麼副作用。

4 式：按摩或穴位按壓

若按摩或穴位按壓能加上精油，效果更佳，其好處包括協助減輕疼痛、降低焦慮、促進血液循環等，並有助氣血調暢。由於孕婦在呼吸時，會吸入氧氣，加速體液交換(意指細胞和細胞中間的水份)，有助身體的新陳代謝。

5 式：瑜伽

練習瑜伽要有專注力及規律的呼吸方式，均有助孕婦緩減陣痛。當她們專注做瑜伽時，會暫時忘卻陣痛的痛楚；而且，在過程中會吸入大量氧氣，加速血液循環，促進新陳代謝。然而，未必每位孕婦都能夠做到瑜伽的動作，如果想以這種方式緩減陣痛，孕婦應先對瑜伽有所認知。

6 式：下床活動

孕婦待產時，不妨做一些簡單的下床活動以分散集中力，如看電視、看書、四處走動等，活動一下筋骨，不要將注意力放在

陣痛上。

7 式：生產球

使用生產球的好處很多，包括使骨盆打開，令產程更順暢，以及使腦部製造一種天然止痛劑 —— 胺多酚，減輕孕婦的痛楚。而且，孕婦可以透過使用生產球進行各種動作，從而令骨盆張開至不同的闊度及位置，讓寶寶在出世時，可以找到最適合出生的「路徑」。

8 式：溫水

可減輕產道充血，並促進身體的血液循環，令新陳代謝變得更好，有助紓緩痛楚。

9 式：聽音樂

腦部會對聲波產生反應，因此柔和的樂曲可使孕婦放鬆心情，紓緩陣痛；在待產室裏，孕婦可以聆聽自己喜歡及悅耳的音樂，以緩解緊張的心情及痛楚。

10 式：無痛分娩

若孕婦自問是個怕痛的人，怕無法承受陣痛的痛楚，可以選擇半身麻醉的無痛分娩。不過要注意的是，注射麻醉針後，並非代表完全不痛，而是減去大部份的痛楚，並留下一點感覺，待真正生產時，讓孕婦仍可以用上助產呼吸，有助生產。現今有些孕婦會選擇用少量的藥物麻醉神經，減低痛楚，以配合進入第二產程，感覺到寶寶即將出生的喜悅。

在進行無痛分娩前，孕婦先要諮詢婦產科醫生的意見。如果孕婦先天或後天脊骨骨節移位、脊骨上有任何發炎、脊骨曾做手術、腦病、骨椎病、血病等，都不宜進行半身麻醉；而詳細情況，可詢問麻醉科醫生，他們亦會為孕婦做檢查後，才決定會否為其進行無痛分娩。

臨盆小秘笈

紓緩陣痛，產前運動是相當重要，可以令孕婦的盤綹位不太繃緊，令生產過程變得較容易。其實，很多醫院也會提供生產球助孕婦減痛，不妨使用；但要是進行無痛分娩的孕婦，就不能下床隨意走動。另外，作為丈夫，也可以給予太太心理上的支持，令其紓緩緊張情緒，或為其做一些簡單的按摩，以紓緩疼痛的感覺。

對與錯

見紅就生得？

專家顧問：杜堅能 / 婦產科專科醫生

　　當踏入懷孕後期，選擇順產的孕婦，心情份外忐忑，皆因不知何時「卸下」寶寶。通常出現見紅現象，可能就是孕婦認為快將「卸貨」的徵兆之一。對於見紅現象，往往也成為網上的孕婦群熱門討論的話題之一，也許大家對此心中存有很多疑問，以下會逐一拆解。

誠然，懷孕變數特別多，縱使同一情況發生在不同的孕婦身上，也不代表大家會有相同的經歷。就以見紅情況為例，有些孕婦見紅即生，有些則可能要待至數星期才分娩，所以不能一概而論。以下會列出孕婦對見紅情況常見的疑問，當中哪些是真，哪些是假？True or False，立即解答！

⑨ 疑問 1：見紅係陰道出血？點解？ ✗

Ⓐ 懷孕期間，孕婦的子宮頸口會分泌一層厚厚的黏液 (mucus plug)，其質感像鼻涕，作用是封塞宮頸口，以防止細菌經陰道進入肚腹，令胎兒受到感染。

當到了懷孕後期接近分娩時，因着子宮脹大，宮頸口開始擴張，有機會令微絲血管爆裂；要是血絲與宮頸口的黏液混在一起，待黏液脫落時，便會出現所謂的見紅現象。所以，並非大家所說的陰道出血。

⑨ 疑問 2：見紅代表一定就快生？點解？ ✗

Ⓐ 見紅是其中一個常見的分娩徵兆，但並不代表見紅就是快將分娩。無疑，有些孕婦的確在見紅後，便立即進入產房待產，但亦有些孕婦仍需要多待數日，甚至數星期才分娩。其實，有見紅現象只是純粹反映子宮頸開始軟化；而且有些人只會在作動時見紅；有些則會在待產期間見紅；有些更可能在整個分娩過程中，也不會出現見紅現象。因此，見紅不一定代表快將分娩。

曾有外國統計顯示，有 34% 孕婦會在分娩前約 2 天出現見紅情況；有 30% 孕婦卻在待產期間出現見紅；亦有 17.65% 孕婦在整個分娩過程中，也沒有出現見紅情況。

⑨ 疑問 3：見紅加埋陣痛或穿水要入院？點解？ ✔

Ⓐ 一般來說，孕婦要有作動，才代表快將分娩，即是要出現子宮收縮，再加上宮頸出現軟化跡象。有些孕婦可能會猶豫見紅是否需要立即入院，其實分娩前數周也有機會出現見紅，但可留在家中先作觀察，如有擔心，亦不妨先自行入院，讓醫護人員進行檢查。

不過，要是見紅之外，還伴隨陣痛或穿羊水等分娩徵兆，孕婦便要立即入院。若然只是自己一個人，建議立即通知丈夫或家人陪伴入院，切勿拖延。

Q 疑問 4：見紅血量似 M 到？點解？ ✗

A 婦產科專科醫生杜堅能指出，見紅的血量不會太多，亦不會出現像月經般的流量；見紅出現的血通常也不是鮮血，只是血絲與黏液混在一起而已。所以當孕婦發現血量過多，流出來的更是鮮血，或有機會是子宮出血所導致，需要到醫院作詳細檢查。

媽媽分享：見紅即入院

媽媽：Louisa　　囝囝：鍾杰夫 (2 歲半)

「記得當時是凌晨 3 時，突然好『急』，想去洗手間，如廁後發現有啡紅色的水在坐廁中，而且抹下體時，紙巾亦見啡紅色。坦白說，那時不確定自己是否穿水及見紅，於是叫老公立即上網搜尋。而得出的結果，與自己的情況相若，便立即致電主診醫生，並告訴他自己的情況，而醫生也認為是穿水及見紅，於是叫我立即入院。到了醫院，產婦衛生巾上仍有少量啡紅色分泌物，亦伴隨着陣痛，當時已經約 10 分鐘痛一次，每次維持大概 6-7 秒。經醫生檢查後，原來宮頸已開了 1 至 2 度，但由於我怕痛的緣故，最終選擇開刀分娩。不過，回想當時的情況，自己也十分緊張，因知道穿水後，應立即入院分娩，以防受細菌感染。」

見紅、出血要識分！

當懷孕後期見紅，孕婦通常也會萬二分緊張，因為與 BB 見面的時間快將來到。然而，有些時候孕婦也會出現「見紅」現象，但與真正的見紅，卻是大相徑庭。其實，除了是宮頸開始軟化外，有時當孕婦與丈夫行房，或曾進行子宮頸檢查，也有機會滲出血絲，可能被誤以為是見紅。此外，亦要特別注意當出現血量過多的情況時，有機會是胎盤脫落的徵兆，再加上肚腹變硬或出現收縮，切勿掉以輕心，最好盡快入院進行檢查，以策安全。

湊仔、育兒 好幫手

產前1個月
有何準備？

專家顧問：王予婷 / 婦產科專科醫生

　　懷胎十月，新生命將誕生於世，為了令寶寶能更健康地出世，孕婦在產前1個月這個最緊張的時期，有甚麼需要留意呢？快來做足功課，變成精叻媽媽，生個醒目寶寶吧！

孕婦應有適量的運動，多活動身體，增加生產的體力。

1. 飲食

在產前 1 個月，有些孕婦會過度進食，她們可能覺得，要趁「最後衝刺」盡量吸收營養，一來是希望胎兒發展得更好，二來是想自己身體更強壯，從而更有體力應付生產過程。但其實這個觀念是錯誤的，因為如果孕婦過量吸收營養及熱量，會有可能導致胎兒過度肥大，影響分娩，甚至有機會使胎兒出世後有併發症，如低血糖、低血鈣等。

在這個時期，孕婦的飲食不需要有大轉變，只需按食物金字塔的原則攝取熱量，與之前 9 個月一樣均衡飲食，少吃多油、多鹽、多糖的食物，口味最好清淡，並以營養為主。

2. 運動

孕婦除了要注意合理的營養攝取外，也要配合適量的運動，不要因為是產前的 1 個月就少郁動，孕婦無論是在懷孕的初期、中期還是晚期，適量活動，如散步等，都對她及胎兒有好處。而在運動的同時，孕婦也應要有充分休息，以準備生產。

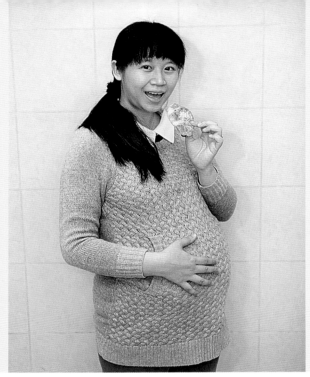

在產前 1 個月，孕婦要更特別注重飲食，需健康均衡。

3. 個人衛生

　　如孕婦選擇順產，寶寶是經過陰道出世的，因此在產前 1 個月，孕婦比之前的 9 個月，更應注重衛生。要謹記每天洗澡、勤換內褲、多清洗外陰部、大腿內側及下腹等因懷孕而變得多褶位的位置、保持陰道清潔乾爽。

4. 入院準備

　　產前物資的準備主要為孕婦本人的衣物、日常用品。在產前最後階段，應該將這些全都準備好，並放在家中顯眼的地方，使孕婦及家人可以第一時間有充足準備，隨時進入醫院，以免可能因臨時匆忙，而缺失甚麼或發生意外。

5. 情緒

　　當越來越接近生產，無論家人或孕婦都會緊張，甚至失眠，但是保持心情開朗是非常重要。孕婦盡量不要胡思亂想，尤其不愉快的事情就不好記掛在心上，放鬆心情，以免鑽牛角尖及過份

緊張。這是因為當人緊張，對外界的敏感度會特別高，就會更易感到不適或疼痛，所以保持良好的精神狀態是十分重要。若孕婦因為臨盆而焦慮不安，或增加患上產前抑鬱症的機會，也有可能變得粗心大意、分心，繼而釀成一些意外。

家人可以多與孕婦談天，並作安撫，令將到預產期的孕婦較安心，得以平常心面對生產，平穩地等待作動的先兆及新生命的降臨。

6. 外出

因快將臨盆，孕婦難免會因斗大的腹部而更變得行動不便，所以出門時要格外注意安全。於產假期間，孕婦隨時都有機會作動，最好每次出門都有家人陪同，方便隨時相伴入院生產。而外出時，孕婦不妨多觀賞一些優美的風景或事物，令自己不會因將生產而太過緊張，更可以藉此轉移注意力，放鬆心情。

7. 檢查

在產前檢查方面，到孕婦懷孕 35 至 36 周時，次數就會變成一星期 1 次。檢查內容包括：量血壓、檢查有否蛋白尿及妊娠毒血症、量度胎兒大小、胎位是否正中、孕婦身體的變化，及她與家人之訴求；同時，也會講解何為作動的徵兆，如陣痛、見紅、出血、羊水破。而選擇順產的孕婦要和家人保持聯絡，以便一旦作動，有人能夠隨時送她入院。另外，35 至 37 周的孕婦都會做乙型鏈球菌的測試；若結果為陽性，作動時，醫生需要給予孕婦抗生素，以免胎兒通過母體受到感染。

重要衝刺期

產前 1 個月，對孕婦來說是非常重要的一段時間，因為越接近預產期，產檢會越來越多，心情亦難免會越來越緊張，所以在這個「衝刺期」，孕婦更要注意前面所提及的事項，如均衡飲食、適當作息、準時的檢查等。若有所忽略，可能會影響到孕婦或胎兒的健康。

為了令到生產過程更安全順利，孕婦在臨盆前 1 個月應盡量放鬆心情、有適當的休息、不要讓自己感到焦慮，令意外發生。孕婦也要注意作動的先兆、留意自己身體的變化、預先準備好入院的物資，這樣就能以愉快的心情迎接小生命的到來。

強化骨盆底肌
有助順產

專家顧問：何卓華 / 註冊物理治療師

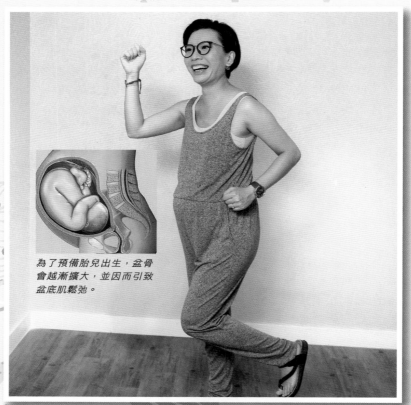

為了預備胎兒出生，盆骨會越漸擴大，並因而引致盆底肌鬆弛。

　　身體是個奇妙的機制，當懷孕後，為了孕育胎兒，母體會自行作出各樣調整，讓生命一天一天茁壯成長，以至順利誕下。盆骨和骨盆底肌正處於一個重要位置，與懷孕、生產不無關係，因此兩者都會在孕期出現一些變化，並帶來腰背痛、尿滲等問題。面對這些惱人問題，孕媽媽可透過運動練習來改善，只要持之以恆，還可有助於順產呢！

骨盆底肌在哪裏？

物理治療師何卓華指出，盆骨和骨盆底肌對於身體而言就猶如建築物的椿基，有承托起全身的作用，並能夠影響其他關節。再者，骨盆底肌就在盆骨的底部，有穩固盆骨和腰脊骨的作用，又是包覆膀胱、子宮等臟器的部位，有用作控制大小便排出的功能。

懷孕令盆底肌鬆弛

何卓華解釋，由於懷孕後荷爾蒙出現轉變，盆骨會自然逐漸擴大，因而導致骨盆底肌鬆弛。而越接近臨盆的時刻，骨盆擴大的程度會越漸增大，相應地，盆底肌鬆弛的情況亦會越漸明顯，藉以預備胎兒出生。

隨之而來的問題

當懷孕時盆骨的穩固度減弱，以及盆底肌出現鬆弛，隨之而來就帶來不同的問題。如前面所提及，盆底肌本身有固定盆骨的作用，當盆底肌鬆弛，便沒有足夠的力量維持正確的腰盆位置，導致錯位。腰盆錯位會產生各種痛症，包括坐骨神經痛及腰痛，因出現這些問題的部位都與盆骨十分接近。其次，由於盆骨是我們基椿的所在，所以有機會影響身體不同部分導致不同的痛症。此外，盆底肌變得鬆弛，使控制小便排出的功能受損，加上脹大的子宮壓迫膀胱，就容易產生尿滲、尿頻的問題。

運動強化盆底肌

物理治療師何卓華介紹了一個訓練骨盆底肌的簡單運動，孕媽媽平日可在家中練習。

方法：練習方法十分簡單，而且不管採取何種姿勢都可進行，由淺入深可先從躺下做起。在躺下來後，注意擺好腰盤位置，腰部和盆骨保持中間位置，確保不會傾向前或向後。然後，運用盆底肌的力量作憋小便的動作，並維持十秒，然後重複動作十次。若躺下練習應付自如，就可以提升難度，坐下以至站着練習；在進行憋小便的動作時，亦可視乎個人能力，由維持十秒慢慢增長時間，至維持 1 分鐘。

* 擺好腰盤位置　* 任何姿勢皆可　* 維持憋小便動作
躺臥→坐下→站立→蹲下 / 貓式 ~ 循序漸進練習

難度提升：由一開始躺下練習，若覺得應付自如，便可逐步將難度升級，改為坐着和站着練習。如果還想挑戰更高難度，進一步強化盆底肌肉，可以嘗試進階的半蹲、全蹲和貓式手腳提升的動作（貓式動作即跪在地上，並用手按於地上，以四肢的四點支撐身體，然後抬高左手右腳或右手左腳為簡單），對於穩固下盤相當有幫助。

時間：此運動並非劇烈運動，安全度十分高，故此在懷孕任何階段皆可進行。由於懷孕後骨盆底肌會日漸變得鬆弛，建議每天進行練習，若不能每天練習，則最少每星期練習 2 至 3 次。若堅持每天練習，約 4 星期便能收效。

好處：當骨盆底肌強化，不但痛症、尿滲問題會隨之減輕，而且還可以幫助順產。何卓華謂，當下盤變得相對穩固，一則可減緩生產痛楚，二則有助產婦運用身體力量，從而促使整個順產過程變得較為順利。

產後恢復狀況

在生產後，媽媽的荷爾蒙會逐漸回復到原來的水平，理論上盆底肌也會逐步收緊，約在產後 2 至 3 個星期得到恢復。可是，何卓華指，未必每位產後媽媽的盆底肌都可回復到原本的狀態，亦有些會仍然維持鬆弛，是故他建議媽媽在產後繼續進行強化盆底肌的練習。若產後仍有進行運動，盆底肌的恢復進度可加快一倍。

使用護墊

盆底肌鬆弛導致尿滲變成孕期煩惱，尤其是用力打噴嚏時或開懷大笑時，更易出現尿滲，難免令孕媽媽害怕失禮於人前。因此，孕媽媽可於懷孕期間，特別是中後期，勤於使用護墊或產婦衛生巾，避免感到尷尬的時刻。

護墊或衛生巾宜選擇柔軟透氣的棉質表層，以減少對敏感的陰道皮膚的刺激。同時，也要經常更換護墊，因尿滲後潮濕的陰道環境容易滋生細菌。從這方面來看，護墊還是少用為妙，如果是待在家中，便可選擇不用。

多行樓梯
有助分娩？

專家顧問：盧兆輝 / 婦產科專科醫生

　　大部份懷孕第一胎的孕婦，到分娩的時候，都會經歷很長的陣痛，步入第二產程更需要配合腿力，才能透過自然分娩順利誕下寶寶。因此，懷孕期間強化腿部肌肉，對自然分娩有莫大的幫助。

強化腿部運動

許多準媽媽希望自己嘗試生產，經歷陣痛，透過自然分娩，親身感受胎兒從產道面世，可是有些媽媽卻因為害怕生產所帶來的痛楚，或是其他因素而未能採用自然分娩，改而選擇剖腹生產。一般而言，孕婦若準備採用自然分娩，踏入懷孕第三孕期，便要進行適當的運動，尤其是強化腿部的運動，不然在生產的時候，會出現力度不足的情況；屆時，若因為孕婦的力度不夠，而不能繼續自然分娩的話，醫生便要嘗試其他生產途徑取出胎兒，這樣便會大大增加生產的危險性。

運動好處多

孕婦步入懷孕第三孕期，由於胎兒日漸長大，對腰背、盆腔、恥骨造成壓力，以致這些部位出現痛楚。加上懷孕 37 周或以後，隨時有作動的機會，建議 34 周以後應進行適當的運動，不但能減輕某些部位的痛楚，也為自然分娩作好最佳準備。盧醫生亦提醒孕婦在懷孕第一孕期，即懷孕初至 12、13 周，不建議作劇烈的運動，否則會影響胎兒，甚至引致小產。

行樓梯提升腳力

做運動切勿臨急抱佛腳，應該循序漸進，在懷孕中期時，可進行瑜伽，或吃飯後多散步，但不主張進行過份消耗體力的運動，否則會影響孕婦的身體狀況。踏入 34 周以後，不妨多行樓梯或斜路，目的是訓練雙腿肌肉，幫助分娩時胎兒頭部進入子宮頸，使生產過程更為順暢，亦可減低腹肌鬆弛的問題。

呼吸有道

當孕婦進入產房時，代表胎兒隨時出世，這時準媽媽要面對十級的陣痛，為了紓緩這情況，孕婦可要求吸笑氣，但吸入笑氣後，好像進入半睡眠狀況難以用力，所以當孕婦踏入第二產程時，醫生不建議孕婦再吸笑氣，這時孕婦便要採用呼吸法來紓緩痛楚，如深呼吸一口氣，然後慢慢呼出，是減輕痛楚的方法。當胎兒頭部被推進陰道口的時候，醫生會要求媽媽進行急喘的呼吸（像狗仔的喘氣般），這種呼吸法是預防她繼續用力，同時是讓醫生剪開陰道口，避免陰道口因為孕婦過份用力而出現撕裂。

高齡生仔
一樣可順產

專家顧問：馮德源／婦產科專科醫生

　　不少研究均指出，自然分娩出生的寶寶，其免疫力一般也較好，因此不少孕婦都堅持用這個方式產子。可是，首次懷孕的高齡產婦，懷孕期間出現併發症的機會較大，而且自然分娩時亦比較困難。究竟她們應該怎樣做，才可降低懷孕的危險性，並有利自然分娩呢？

何謂高齡產婦

倘若懷孕婦女在 35 歲或以上，便可以稱為高齡產婦。馮醫生直言，在香港分娩的高齡產婦數字越來越高。於 80、90 年代，只有約 5 至 10% 的孕婦屬高齡產婦，但根據 2012 至 2013 年 6 月的數據指出，高齡產婦比率已升至 30% 之高。

高齡產婦常見問題

- **妊娠毒血症 / 妊娠高血壓**

妊娠毒血症又稱子癇前症、產前子癇症。其徵狀有血壓上升、蛋白尿、水腫等情況，肝功能亦可能會受影響，甚至導致抽筋、手腳麻痺等。這不但危害孕婦的健康，更可能會令胎兒營養不良，出生時磅數不足，嚴重的話更會死亡。

而妊娠高血壓則是妊娠毒血症的其中一個病徵，如果孕婦出現頭暈、眼花、頭痛等徵狀就要多加留意，因為這代表孕婦可能已患上此病。倘若孕婦在懷孕前已有高血壓，便會增加妊娠血壓高的機會。

- **妊娠糖尿病**

就算孕婦在懷孕前沒有糖尿病，但由於受胎盤的荷爾蒙影響，所以在孕期也可能會出現妊娠糖尿病。假若未有及早發現這個病症，以致沒有加以控制病情的話，可能會影響胎兒的健康，如羊水過多可引致胎位不正，亦可能令胎兒的身形偏大，令自然分娩時更為困難。

- **體力較差**

由於年紀越大，子宮肌肉的效力越小，並令收縮反應減弱，以致高齡產婦未必有足夠的力量作自然分娩。雖然在自然分娩的過程中，負責接生的醫生可以運用不同的工具，幫助孕婦生產，如利用工具吸着胎兒的頭，將他們吸出來。

可是，因為體力一般會隨年紀的遞增而衰退，所以高齡產婦在自然分娩時，相對會比較辛苦。

- **胎兒過大**

不少孕婦，特別是高齡產婦，因為擔心胎兒營養不足，所以會特意增加孕期的食量，更常常飲用奶粉，補充不同的營養素。可是，這樣可能會令胎兒營養過剩，變得身形偏大，導致自然分娩時出現困難。

五大準備助自然分娩

❶ 適量運動

當醫生確定胎兒穩定及孕婦體質沒有問題時，孕婦可以做適量的運動。如高齡產婦可於產前接受物理治療師的指導，訓練盆骨肌肉，令其有足夠的力量，在自然分娩時更容易將胎兒推出體外。但倘若孕婦身體不適，如作小產、血壓高，心臟病、產前出血等，則需要按醫生指示休息，不宜作劇烈運動。

❷ 定期進行產前檢查

醫生在檢查中，會為孕婦檢查胎兒的健康外，也會為她們量血壓、測量血糖等。即使孕婦及胎兒出現任何狀況，也可即時給予適當的治療。

❸ 為自己量血壓

孕婦可以在家中準備血壓計，在胎兒 20 至 22 周開始，每天早上及心情安穩時，為自己量度血壓。如果血壓的結果並非在理想範圍之內 (上壓超過 140mmHg 或下壓低過 90mmHg)，應先休息 30 分鐘並再次量度，倘若情況仍未如理想，就應盡早求醫。

❹ 定期驗血糖

醫生會為所有孕婦定期檢驗尿糖，但這不是篩查妊娠糖尿病的最好方法。因此，所有孕婦，特別是高齡產婦，在胎兒 26 至 28 周開始，都應定期檢驗血糖。醫生會在孕婦空腹時，讓其喝下糖水後再驗血，以檢視血糖的數值，這個方法稱為口服糖耐量測試 (俗稱飲糖水)。如果血糖數值偏高，孕婦會被斷診為妊娠糖尿病，則要根據營養師的指示控制飲食，如進食已計算卡路里的糖尿餐，以控制血糖，如情況嚴重，便需要注射胰島腺素，以紓緩病情。

❺ 養成良好生活習慣

孕婦宜早睡早起，飲食要保持均衡，同時應進食不同的食物，吸收各種營養素，但謹記要遠離煙酒，保持身體健康。孕婦要避免過量飲用奶粉及進食過量，比方說，如果孕婦飲用奶粉，就可稍為減少正餐的食量，而且應少食多餐，亦可按醫生及註冊營養師的意見，為食物計算卡路里，減少過量的機會，但就不需要特別戒口。

妊娠毒血症又稱子癇前症、產前子癇症。

醫生有話兒：防止妊娠糖尿病的重要性

　　馮德源醫生指出，高齡產婦常見的併發症，妊娠糖尿病為其中一項，而這個併發症不但有可能危及孕婦的健康，更有機會令胎兒的死亡率增加，如胎兒會突然停止心跳。

營養師如何安排糖尿餐？

　　糖尿餐沒有指定食物，因營養師會根據各個孕婦不同的情況，而安排進食不同的糖尿餐，以及確保餐單的卡路里符合該孕婦的需要。一般而言，如果孕婦懷有一個胎兒，營養師會安排她們每天進食 1,800 卡路里左右的餐單；若懷有雙胞胎，就需要每天攝取約 2,000 卡路里的食物。

順產 vs 剖腹
利弊大對決

專家顧問：關詠恩 / 婦產科專科醫生

　　孕婦摸着肚中的胎兒，當然是急不及待想和他見面，但是母子相見前，不得不經過一道痛苦的程序—分娩。於香港，主要有 2 種分娩方式，順產和剖腹。面對選擇，很多孕婦都心大心細，疑惑哪一種對自己和寶寶較好。不如聽聽專業婦產科醫生的意見，了解兩者的利弊。

順產？剖腹？

　　所謂順產，即是自然分娩，孕婦經由陰道分娩出胎兒。醫生通常會剪開孕婦會陰位置，擴闊分娩通道，令寶寶較易出生。至於剖腹，是以手術的方式切開孕婦的腹部和子宮，分娩出胎兒。醫生會為孕婦進行麻醉，取出胎兒後，再把子宮及腹部重新縫合。

順產

優點

寶寶

- **有利呼吸**：順產分娩期間，寶寶不斷受子宮有規律的擠壓，身體會分泌激素，刺激肺部功能成熟，有利他們出生後的呼吸功能發展。
- **提升免疫**：孕婦的陰道存有益菌，若寶寶是通過順產分娩，就能較早接觸到這些微生物，提升免疫能力，身體更健康。

媽媽

- **留院較短**：順產對孕婦的身體影響較剖腹小，所以一般情況下，能夠較快出院，金錢的花費自然較少。
- **較快痊癒**：順產僅有會陰的傷口，面積較小、出血量較少，也較不那麼疼痛，可較快痊癒。
- **有利餵哺**：因為身體復原較快，如產後能較快重新開始進食，婦產科專科醫生關詠恩指出，這有利餵哺母乳之外，媽媽亦有較多的精力照顧寶寶。
- **併發較少**：剖腹是個大手術，不免會有風險，伴有併發症、後遺症，如前置胎盤等。與之相比，順產風險較少。

缺點

寶寶

- **生產創傷**：如果順產不順利，醫生可能有需要用到產鉗等儀器協助生產，有機會弄傷寶寶。另外，若寶寶過重，或會造成難產，導致鎖骨骨折等生產創傷。這方面而言，順產風險較剖腹大。
- **宮縮壓力**：若寶寶的身體狀況不佳，或會無法抵受宮縮的壓力，導致心跳減慢，甚至出現心臟停頓，最終需要緊急剖腹。

媽媽

- **難以估計**：順產是自然發生，分娩日期為未知之數，有較長的等候期。而且孕婦作動、宮縮的時間有長有短，難以估計。
- **忍受劇痛**：很多孕婦選擇剖腹分娩而非順產，與後者帶來的痛楚不無關係。從產前到生產，孕婦需要忍受劇烈陣痛，時間還因人而異，長短不定。
- **陰道鬆弛**：如是順產，寶寶需要經過狹窄的陰道出生，孕婦產後的陰道相對會變得鬆弛。而進入更年期後，更容易出現子宮下垂或小便失禁等問題，故要多做陰部收緊運動。

剖腹

優點

寶寶

- **替代順產**：如果寶寶出現問題，比方心跳不正常、不足月等原因，難以從陰道分娩時，剖腹就能挽救其生命。

媽媽

- **避開陣痛**：有些孕婦分娩時，子宮口無法完全張開，承受陣痛之苦。假若選擇剖腹，就能避開作動，不需遭受這劇痛。
- **保護陰道**：因為剖腹分娩不需使用到陰道，所以其損傷較順產少，可減少陰道鬆弛和將來子宮下垂、小便失禁的機會。
- **較少突發**：順產的過程有較多未知之數，如作動時間、出現突發危險等；與之相比，剖腹分娩的經過較易估計。

缺點

寶寶

- **呼吸較差**：由於經剖腹出生的寶寶沒有經歷過宮縮，身體沒有分泌出刺激肺部功能的激素，其呼吸功能會較差。
- **免疫力低**：剖腹產的寶寶因為沒有接觸到孕婦陰道的益菌，其免疫能力會較順產出生的寶寶為差。

媽媽

- **有後遺症**：剖腹使子宮留有疤痕，下次懷孕可能會出現胎盤植入、前置的情況，對母子同樣有危險。
- **難照顧 B**：剖腹造成的傷口較大，身體復原較慢，需要休養。孕婦在短時間內，難以親自照顧寶寶。
- **大型手術**：由於剖腹乃大型手術，孕婦不但要承受麻醉的風險，

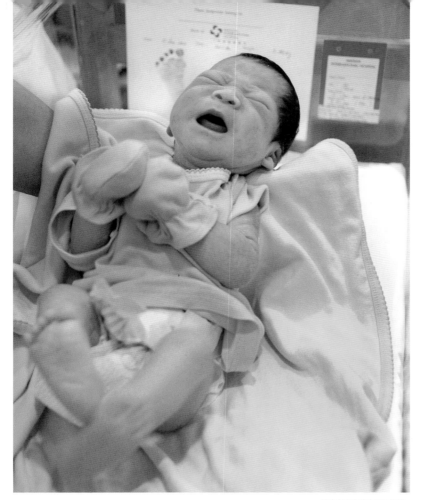

順產對寶寶將來發展較佳。

出血量亦會較順產者為多。
- **影響身體：**剖腹的過程或會傷及子宮旁邊的組織及器官，比方膀胱，有時候會令膀胱功能短暫喪失。
- **術後疼痛：**孕婦經過剖腹手術後，肚上傷口較大，麻醉藥效過後，痛楚較強烈。而且復原較慢，甚至需要插尿管排尿。

順產優先

關醫生表示，如果母嬰的情況許可，在順產和剖腹分娩兩者中，建議孕婦優先考慮前者，這對寶寶將來發展亦較佳。剖腹多是用來解決難產問題，如產程異常等，其實對寶寶沒特別益處。

胎盤鈣化
危及寶寶性命

專家顧問：林兆強 / 婦產科專科醫生

　　胎盤擔任輸送營養給寶寶的重要角色，維持良好功能是非常重要，而胎盤鈣化的情況有機會於妊娠後期出現，孕媽媽要密切注意胎動及胎兒狀況，以免危及胎兒的的性命。

為何胎盤對於胎兒如此重要？婦產科專科醫生林兆強解釋，孕婦的胎盤的作用是通過臍帶與胎兒連結，是胎兒與母體之間進行物質交換的唯一途徑，同時也是胎兒吸收營養、代謝廢物輸出的出入口，總括來說胎盤有以下三大功能：

代謝功能：包括氣體交換，營養物質供給和排出胎兒的廢物。

防禦功能：在胎兒血液與母體血液之間築成一道屏障，保護胎兒，使胎兒免受感染。

內分泌功能：胎盤合成多種荷爾蒙、酶及細胞因子，對維持正常懷孕十分重要。

判斷胎盤功能

在整個孕期中，胎盤的良好功能極為重要，醫生可根據以下檢查來判斷胎盤的功能。

❶ 胎心音監測，根據胎兒心跳頻率、胎動次數來評估胎盤功能。

❷ 多普勒（Doppler)，可測量出臍動脈的血流速度，從而反映出胎盤循環的灌輸能力，這樣便可得知胎兒的情況及胎盤功能。

❸ 超聲波檢查胎盤，在進行產檢時，尤其是孕期後，醫生會檢查胎盤上的白色鈣化點，以分辨胎盤的成熟程度，而胎盤過度成熟會影響胎盤的功能。

胎盤鈣化多出現於妊娠晚期

林醫生指，「胎盤鈣化」常發生於妊娠晚期與過期妊娠（妊娠達到或超過 42 周，稱為過期妊娠。機會率佔妊娠總數的 5 至 12%），由於隨着妊娠周數的增加，胎盤開始衰老，發生局部性梗塞壞死，而壞死部份轉化成鈣化物質。因此，懷孕後期的孕婦，是要密切注意胎動及胎兒狀況。

胎盤鈣化分 3 個程度

胎盤鈣化有分為 3 個程度，分別是 1 至 3 度。依據胎盤鈣化斑點分佈大小與狀況，將鈣化程度分為 3 度，第 1 度為輕微，第 2 度中度，第 3 度為嚴重。胎盤鈣化會令胎盤功能下降。正常情況下，於孕後期或過期，超聲波檢查都會顯示胎盤有 1 至 2 度的鈣化，這也是胎兒已足月或過期的徵狀。

胎盤鈣化是胎盤的固定自然成熟歷程，基本上「時機成熟」

十個孕媽媽中，便會有一個胎盤鈣化。

就會老化，如同食物都有保存期限一樣，胎盤在預產期過後的 1 至 2 周會鈣化，因此在 2 周後就必須催生。但若在預產期前有胎盤老化，而羊水量是正常，胎動是沒有問題，就不用催生，但必須作密切監測，以免血液供應不良，使胎兒於子宮內出現窘迫，甚至窒息。

避免胎盤鈣化

要維持較佳的胎盤功能，避免胎盤鈣化過早出現，孕婦可從生活起居注意以下事項：

1. 均衡飲食，懷孕期間應攝取足夠的蛋白質、維他命。
2. 不熬夜，不勞累，作息要正常，保持身心舒暢。
3. 作適度的運動，根據孕婦自身的狀況，作適度的運動，促進血液循環。
4. 每日計算胎動，定期產檢，以確保胎兒健康。

作適度的運動，促進血液循環。

胎盤功能小知識

有甚麼因素會影響胎盤功能？

❶ 孕期過量攝取鈣，懷孕期間孕婦只需要足夠份量的鈣，毋須過量攝取。

❷ 孕婦患妊娠期疾病，如妊娠高血壓、妊娠糖尿病，都會引起胎盤提早老化。

❸ 懷孕期間如長時間營養不良，孕期所需的維他命及微元素不足，也容易令胎盤提前老化。

個案分享

據網上有位孕媽媽分享自己提早在孕期 36 周出現胎盤鈣化，幸好臍帶血流算是正常，假如臍帶血流出現問題，胎兒就會有生命危險。醫生亦不停提醒她要留意胎動，半天最少十次，如果胎動減少，就可能要住院或回診所駁機監察。

該位孕媽媽表示提心吊膽，其間每隔 3 天要回診所做一次心跳監察，一旦有異常就要預備隨時開刀。醫生指胎兒最遲 38 周便要出世，隨時有開刀的需要，她感嘆由一開始為順產而作出的準備全都「付諸白流」了。

臍帶纏頸
令胎兒缺氧

專家顧問：鄧曉彤 / 婦產科專科醫生

　　寶寶臍帶繞頸會令孕媽媽十分擔憂，但原來臍帶纏頸是經常發生，尤其是在孕中晚期。欲知更多，還不快看以下內文！

臍帶纏頸發生率

89% 臍帶纏頸 1 圈　　　　*11% 臍帶纏頸 2 圈*　　　　*罕有 臍帶纏頸 3 圈*

何謂臍帶纏頸？

　　婦產科專科醫生鄧曉彤表示，臍帶纏頸顧名思義就是臍帶纏繞著胎兒頸部打圈。其實，臍帶繞頸是胎兒分娩時十分常見的情況，發生率高達 20-25%。

臍帶纏頸成因

　　一般認為，臍帶過長和胎動過頻會增加纏頸的風險，胎兒在母體的子宮內經常翻滾打轉，倘若活動波幅大，發生臍帶纏繞機會相對增加。不過很多時候，胎兒游來游去，纏一會又會鬆開，所以孕媽媽毋須因為胎兒活躍而過於憂心。

臍帶纏頸影響

　　臍帶是寶寶在媽媽肚子裏的唯一生命線，理論上，臍帶纏繞過緊會影響臍帶血流的通過，從而影響到胎兒氧氣和二氧化碳的代謝，使胎兒出現胎心率減慢。嚴重者可能出現胎兒缺氧，甚至胎兒死亡。但是臍帶血管長度較臍帶長，平時血管捲曲呈螺旋狀，而且臍帶本身由膠質包繞，有一定的彈性，很多數據都説明懷孕期間纏頸情況與胎兒的存活程度、胎兒成長及臍帶血流狀況並無直接關係，孕媽媽沒有必要過於擔心。

臍帶纏頸併發症

　　在分娩過程期間，由於臍帶纏繞使臍帶相對變短及收緊，有可能影響胎兒入盆下降，使產程延長或停滯。另外隨着宮縮加緊，

下降的胎頭有機會將纏繞的臍帶拉緊，相對引起胎兒血液循環受阻，導致胎兒宮內缺氧的風險增加。不過很多醫學文獻均顯示，有臍帶纏頸的嬰兒並沒有明顯出現更多初生嬰兒併發症，新生兒評分 Apgar score 亦沒有因而減少。當然，如所有分娩一樣，孕媽媽分娩時必須緊密觀察產程，如進展緩慢或停滯要加倍注意。亦要密切監測胎心率，一旦發生胎兒窘迫應盡快處理，進行陰道助產或剖腹產。

檢視胎兒

很多時候，臍帶纏頸是於嬰兒出生後才發現的。不過孕媽媽記緊定期做產前檢查，透過產前超聲波檢查可診斷出胎兒大小、臍帶血流以及羊水含量，亦可檢視胎兒是否有臍帶纏頸問題。但是，話雖如此，胎兒一直活動中，即使超聲波當刻沒有臍帶纏頸，亦有機會在之後日子出現。反過來，即使超聲波當時出現臍帶纏頸，之後亦有機會鬆開。再者，照超聲波亦不能知道臍帶纏繞的鬆緊程度，因此所得的資訊非常有限。孕媽媽應該學習自己監測胎動，如果胎動明顯減少（12 小時胎動少於 １０ 次，或較以往減少 50%），甚至不動，便要及時到醫院就診。

懷孕注意事項

1. 密切注意胎動

孕婦們常說：感受胎動一刻，十分感動！因為活生生地感受到胎兒在肚腹中孕育，並可感受其生命力。然而，胎動亦是個有助了解胎兒健康的指標，皆因踏入懷孕後期，醫生均建議孕婦每天記錄胎動次數，以監察其情況。

2. 產前檢查

根據國際文獻數字，染色體異常的嬰兒佔 600 分之 1，而患唐氏綜合症的個案則佔 800 分之 1，說明染色體異常並不罕見。而本港現已讓孕婦免費進行多項產前檢測，反映定期作產檢的重要性。而當孕媽媽越高齡，風險會越高，便更需要檢測胎兒健康。盡早決定接受檢測，一旦報告顯示為高風險，孕媽媽和家人都可及早作出各樣打算和準備。

3. 保持正確睡姿

懷孕後期，左側睡是最恰當的睡姿。左側睡可糾正增大子宮

天生的右旋，能減輕子宮對下腔靜脈的壓迫，增加血液回流到心臟。血液循環有所改善，對胎兒的生長發育有利，也能減輕孕晚期孕媽媽的水腫問題。

相反，於後孕期右側睡的話，會增加孕媽媽下腔靜脈的壓力，影響血液回流；較易引起低血壓、頭暈、四肢無力等問題，而孕媽媽下肢水腫或腿部靜脈曲張的情況也有機會惡化。

Q & A

Q 臍帶纏頸只可以剖腹嗎？可以選擇自然分娩嗎？

A 臍帶纏頸一般是不需要剖腹產的，因為正如上述所指，並沒有文獻顯示臍帶纏頸於自然分娩時，會增加胎兒併發症和需要入住心切治療部機會，腦部發展或新生兒評分亦沒有因纏頸而出現明顯影響。不過，亦要視乎個別情況，倘若懷孕期間超聲波已發現纏頸三圈以上，就要加倍小心，與產科醫生商討是否適合自然分娩了。同時，順產過程中，倘若發現產程停滯，或胎心跳減速，亦有機會需要緊急剖腹。

Q 臍帶纏頸會造成胎位不正嗎？

A 臍帶纏頸並不會增加胎位不正的風險。但是，倘若胎兒臀部向下，平日我們可以考慮轉胎，讓胎兒頭部轉向下而嘗試順產。但倘若出現臍帶繞頸，醫生會建議直接剖腹生產。

Q 孕媽媽頻繁撫摸肚子會導致臍帶纏頸嗎？

A 撫摸肚子並不會導致臍帶纏頸的，輕輕把手按在肚皮上，亦能有助感受胎兒活動。當然，倘若過份按摩肚皮，有機會引發子宮收縮，引起孕媽媽憂慮。

孕媽媽記緊定期做產前檢查。

陣痛
最攞孕媽命

專家顧問：王予婷 / 婦產科專科醫生

　　陣痛，是不少自然分娩媽媽的噩夢，部份媽媽更會經歷不下數十小時的痛楚折磨。大家都知道陣痛是自然分娩的必經階段，但陣痛背後的成因大家又知幾多呢？

成因與作用

產前陣痛，因為多種因素而導致的，主要包括孕婦臨近分娩時會有子宮收縮，胎兒會壓迫產道，當骨盆神經被胎兒擠壓時，會令孕婦感受到痛楚。產前陣痛的作用是打開子宮頸口，以便胎兒經過子宮頸分娩，也是生產的信號之一。最初的陣痛沒有明顯規律，但會慢慢變得規律。

但臨近分娩時，子宮會開始收縮，子宮頸會慢慢縮短及張開，BB 的頭部這時會越降越低，身體也會慢慢壓至骨盆近恥骨的位置，這時陣痛的部位便會由上腹部轉移至下腹部，而隨着產程的推展，陣痛會越來越快，也會越來越痛。

痛楚強度

經常聽到有經驗的媽媽形容，自然分娩是十級痛。其實每個人的忍受能力都不同，陣痛的強度會隨着每個人的忍痛能力以及產程長短而有別。孕婦除了會感受到腹部的痛楚外，其腰部、臀部以至腳部都會感受到拉扯，如果孕媽媽分娩時十分緊張，也會感到子宮頸口痛楚。

我們常聽說子宮頸口開得越大，痛楚便越劇烈。這是因為子宮頸開約 3 度時，便會開始進入產程活躍期，基本上會痛得越頻密和劇烈，而痛楚也會更具規律。如果子宮頸未開至 3 度，則為產程非活躍期，一般而言陣痛不是太長，痛楚強度也較弱。

真假陣痛

除了產前陣痛外，孕婦也有機會遇上假性陣痛。假性陣痛的規律若有若無，但子宮頸始終不會縮短，也不會張開。而真正的陣痛規律不單止越來越明顯，也會越來越痛。

要分辨假性陣痛，孕媽媽可以感受一下痛楚是否在放鬆下有所緩和，又或是在洗完熱水澡後便沒有痛楚感覺。不過有部份孕媽媽也會因為分不清假性陣痛而入院，那時醫護人員便會使用 CTG(持續性胎心宮縮監測器) 去看看宮縮有沒有規律，也會經陰道檢查子宮頸有沒有變化。如果證實孕婦只是假性陣痛，身體也一切正常，便可以出院。

影響陣痛因素

可能大家都會關心有哪些因素會影響陣痛的強度，例如不同體質的孕婦感受到的陣痛強度又會否有不同呢？明德醫療中心婦產科專科醫生王予婷指出，若孕婦平日較少運動，肌肉較為繃緊，而且難以用力，那便有機會對痛楚較為敏感。因此她建議各位孕媽媽在產前多做運動，增加身體的柔軟度，令分娩更為順利。

同時，孕媽媽感受陣痛的長短與產程長短也有關係，一般而言，分娩第一胎的孕媽媽產程較長，第二、三胎時產程會較短。

主流止痛方法

為了減輕產婦分娩時所受的痛楚，各醫院的產科都會提供不同的止痛方法。以下便是幾種主流的止痛方法：

• 笑氣	笑氣是一種氧化劑，有輕微的麻醉作用，醫院會以面罩為產婦提供笑氣止痛。 風險：有機會出現頭暈、作嘔和難以集中精神。
• 止痛針	在肌肉注射止痛針，需要 20 分鐘才會生效，效用大約 2-4 小時。 風險：部份孕婦有機會作嘔，如果注射時和 BB 出世時間太近，止痛藥有機會傳入 BB 體內，影響他們的呼吸以至母乳餵哺。不過也不用過於擔心，因為醫護人員會用藥物紓緩 BB 的症狀。
• 無痛分娩	無痛分娩是最有效的止痛方法，需要麻醉科醫生進行局部麻醉，大致上十分安全，需要 20 分鐘才生效。 風險：有副作用，有機會雙腳乏力、膀胱失控，亦有機會因產婦難以推動嬰兒出來而令第二產程延長。少於百分之一的媽媽會頭痛，而在 2,000 個接受無痛分娩的產婦中，有 1 個可能會出現腳部麻痺。雖然有小部份媽媽反映會有長久的腰骨痛楚，但暫未經證實。
• TENS 止痛機治療	這止痛治療機是透過釋放安全電流，刺激身體自然製造止痛荷爾蒙，減少腦部接收的痛楚信號，對媽媽和胎兒也十分安全。 風險：適用於陣痛早期，後期陣痛較劇烈時效果會下降。

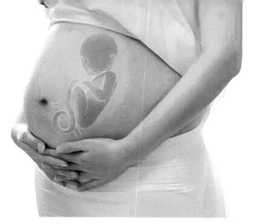

孕媽媽在產前多做運動，增加身體的柔軟度，令分娩更為順利。

其他止痛方法：

　　除了上述主流的止痛方法外，其實產婦的伴侶在旁陪產，也能有效穩定產婦情緒，減低陣痛的影響。除此之外，孕婦在陣痛初期也不妨嘗試以下的紓緩方法，雖然效用未有實質證據支持，但亦有助穩定情緒。

• 香薰治療	對某部份產婦而言，香薰的味道有助減壓。如果醫院未有提供，可以事前詢問醫護人員是否可以自行準備香薰。
• 做 Fitball	孕婦以坐或躺在球上進行伸展進度，能放鬆腰背肌肉和減少陣痛，也能增加盆骨的靈活度，有利使胎兒頭部下降。
• 深呼吸	感到痛楚時，不要閉氣，可以嘗試慢慢調整呼吸，也能保持輸給 BB 新鮮空氣。
• 多走動	如果陣痛時只躺在床上會十分辛苦，不妨下床走一走，甚至嘗試下蹲，適度的站立和散步有助紓緩痛楚。

男士體驗分娩痛楚

　　經常聽到媽媽向丈夫抱怨，指他們不明白女性生育的痛楚。而美國便有組織在母親節時，找來著名的 YouTubers，去體檢模擬分娩。脊醫分別在他們身體不同的部位貼上電極貼片，循序漸進地模擬分娩的痛楚程度。最初四位 YouTubers 都無特別反應，然後隨着痛楚增加，他們開始流汗和尖叫，最後更抽搐，然後大叫終止實驗。四位體驗者在事後坦言這完全改變了他們對分娩的看法，十分認同母親的偉大。

真假宮縮
好難分辨？

專家顧問：陳展威 / 婦產科專科醫生

真宮縮　　假宮縮

懷胎十月，孕婦臨近分娩必會對身體和胎兒的變化特別敏感，皆因正滿心期待寶寶的出生。傳聞中「十級痛楚」的宮縮陣痛是臨盆的先兆之一，然而不少準媽媽都碰過「詐糊」假宮縮，到底如何分別真假宮縮？

不少接近臨盆的準媽媽，當感到肚子疼痛或有宮縮時，都會異常緊張，以為即將產子，不免手足無措，並立即請家人陪同入院，但有時卻被診斷為假宮縮，而又折返回家，不但勞師動眾，心情也會變得格外緊張和忐忑。要是能分辨真假宮縮，準媽媽就不用再怕假宮縮「狼來了」！

真假宮縮要識分

婦產科醫生陳展威表示，當寶寶日復日地成長，子宮也會變得越來越大，最早在懷孕 6 周的時候便會出現不規則的活動，但當時孕婦難以察覺。接近臨盆的時候，孕婦的身體會變得比較敏感，為了隨時迎接寶寶的出生，子宮也會開始訓練肌肉以預備生產。因此子宮活動的頻率會較以前高，甚至 1 小時會出現 2 至 3 次不規律的宮縮，以練習生產。假宮縮發生時，孕婦的肚皮外也能摸到其子宮正在收縮，會感到肚皮繃緊，觸感堅硬。

一般而言，假宮縮未必會伴隨痛楚，也不會引起其他臨盆徵兆。如孕婦感到假陣痛，有機會是以下原因：

❶ 腸絞痛

由於胎兒日漸長大，可能會壓着媽媽的下腹器官，導致便秘，令腸道收縮，引起絞痛。準媽媽或會感到下腹抽痛，但與陣痛的感覺有所差別。

❷ 胎兒頭壓子宮

胎兒足月後，頭部會轉向子宮口，等待出生。當胎兒的頭部壓着媽媽的下腹，或令孕婦感到不適而疼痛。

該入院待產嗎？

在下腹感到疼痛時，不少孕婦都會疑惑：「我是不是時候入院了？」如孕婦未能立即分辨真假宮縮，也毋須太過緊張，宜先冷靜，可先觀察自己的情況，留意陣痛是否規律，過了一段時間後會否慢慢消失，還是越來越痛及越見頻密？

除陣痛外，還有沒有其他產兆？如仍有疑惑，陳醫生建議孕婦立即入院檢查，讓醫護人員進行判斷。

要是孕婦真的感到陣痛，宜先保持冷靜，免得令疼痛增加。

其他產兆

以上說到，真的宮縮和陣痛到來時，還會出現其他產兆。準媽媽可觀察以下 2 種徵兆，正確判斷是否需要立即入院待產：

❶ 見紅

準媽媽出現見血，是因為其子宮頸張開時，表面的微絲血管破裂，混合子宮頸分泌成為一些帶有血絲的黏液，顏色有些像月經快結束的狀態。萬一大量出血，則可能是產前大出血，準媽媽需立即入院求助。

❷ 穿羊水

胎兒是由羊水包裹着，準媽媽懷孕滿 37 周，要是在陣痛時穿水，很大機會在一天內誕下寶寶。一旦羊水破了，媽媽宜盡快入院安排生產，否則或會影響寶寶健康。

入院準備

發生真宮縮時，強烈的陣痛痛楚如潮水般襲來，誠然必讓孕婦感到手足無措。陳醫生建議孕婦在胎兒 37 周後，需準備好入院的用品，俗稱「走佬袋」，為隨時入院臨盆做好準備。其實，孕婦上產前預備班，學習規律深呼吸和孕婦運動，也有助應對真宮縮和陣痛的來臨。此外，亦可先與家人商量，面對突如其來的陣痛時，應如何聯絡和安排。

而當真宮縮來臨時，謹記先保持冷靜，通知家人並立即安排入院待產。家人也宜保持冷靜，觀察孕婦的狀況，以及作出最佳的安排，避免影響孕婦情緒，以致過於緊張令疼痛程度加劇。了解宮縮和陣痛，及早預備應對方法，孕婦和家人便能從容地喜迎生命的誕生！

真宮縮 VS 假宮縮

	假宮縮	真宮縮
發生時間	最早在懷孕 6 周時開始。	多在 37 周後,寶寶發展成熟待產。
疼痛強度	未必感到疼痛,或痛楚程度不一,但可紓緩。	強烈痛楚,無法紓緩。
疼痛部位	由下腹至肛門	由子宮頂至下腹
疼痛規律	沒有規律	有規律,起初約 5 至 10 分鐘一次,及後越來越頻密,縮短為 2 至 3 分鐘一次,每次痛 1 至 2 分鐘。
子宮頸變化	沒有變化	逐漸張開
其他產兆	沒有變化	穿羊水、見紅
紓緩方法	可以喝水、側躺休息、散步、做孕婦運動,以及進行規律性深呼吸紓緩。	聞「笑氣」、打止痛針或選擇無痛分娩。

「走佬袋」裝啲乜?

　　孕婦入院生產的應用物品,宜在胎兒 37 周左右開始準備,並放入一個袋中,方便在突發情況下,便可立即入院。而不同的醫院有不同的產後安排,每間醫院提供的物品各有不同,以下為基本走佬袋物資表:

1 孕婦及丈夫身份證副本
2 產科預約證
3 產婦衛生巾
4 女性濕紙巾
5 盒裝紙巾
6 網褲
7 束腹帶
8 生理沖洗瓶
9 個人日用品、衣物
10 紗巾、尿片、棉花、嬰兒濕紙巾及嬰兒衣物

Part 3

懷孕期間，一定會遇到身體上大大小小的毛病，
但孕媽媽對這些毛病大多是一知半解，
本章就此列出十多個有關孕期的病患，
例如腹直肌分離症、孕期盆腔問題、雙胞胎輸血症等，
雖然只是問題的冰山一角，但也可令孕媽媽長知識。

孕後期常見
腹直肌分離症

專家顧問：馬彗晶 / 註冊物理治療師

正常腹直肌。

腹直肌分離症。

　　不少媽媽懷孕後都遇到腹直肌分離症的情況，腹部之間出現一條凹陷的線條，肚皮亦比以往鬆弛。不過物理治療師指出，腹直肌分離症對人體功能沒有太大影響，只要做運動便能改善情況。

腹直肌是位於腹部中央的兩組肌肉，是維持腹部形態及功能的重要結構，兩條腹直肌在正常情況下是並列在一起的，但在某些情況下，兩條腹直肌會有分開的情況，為腹直肌分離症，亦常見於孕婦身上。物理治療師馬彗晶表示，國際研究發現在懷孕中期，有多於 30% 的孕婦有腹直肌分離症的情況，至懷孕後期，基本上有 100% 女士有腹直肌分離症。

懷孕撐開白線

何為腹直肌分離症？馬彗晶指，腹直肌分為左腹直肌及右腹直肌，中間有條白線，是類似韌帶的軟組織，將左右兩側的腹直肌連結。腹直肌分離症就是中間的白線撐開，變得寬闊。由於懷孕期間荷爾蒙的轉變，以及胎兒體積越來越大，便會將白線撐闊，使兩側腹直肌之間的距離越來越闊。

臨床辨別腹直肌分離症的方法，可以手指放孕婦腹部正中的位置，即是腹直肌中間位置，如果闊度超出兩隻手指，就可以分辨為腹直肌分離症。或者當患者腹直肌要用力時，例如做仰臥起坐的時候，白線的位置會凹入去，亦可判斷為腹直肌分離症。如果腹直肌分離症至嚴重程度，可以肉眼看到。

腹直肌分離症影響

不少孕媽因患有腹直肌分離症而感到困擾，馬彗晶表示，若果兩條腹直肌分離的距離過闊的話，有機會影響做仰臥起坐的力度，或腰軀向左右轉動的力度。因此，腹直肌分離症對人體軀幹活動能力及協調能力，是有些許影響的。

不過整體而言，腹直肌分離症未必對人體功能有很大的障礙，但是會影響外觀，部份專家認為不需要作出任何療程，因為孕婦的腹直肌分離症會在生產後回復正常。如果對腹部外觀有要求，馬彗晶建議孕婦可做運動去改善腹直肌分離症。

勿做加腹腔壓力動作

馬彗晶提醒，有腹直肌分離症的人士要注意切勿做增加腹腔壓力的動作，例如仰臥起坐，因為增加腹腔壓力的動作會令修復更加困難。另外，由仰臥起床時，切勿直接坐起來，建議轉側身再慢慢坐起來，減少對腹腔壓力的增加。有腹直肌分離症人士亦需保持均衡飲食，每日進食足夠蔬果及飲水，以防止便秘，因為

便秘時，如廁便需要額外使力，從而增加腹腔壓力，有機會加劇腹直肌分離症情況。

懷孕期間，荷爾蒙轉變會導致軟組織比較柔軟，肌肉及韌帶軟化可使腹腔有足夠空間讓胎兒成長，並於生產後逐漸回復，不會影響人體功能，只會影響觀感，因此孕婦不用過於擔心。

修復腹直肌分離症運動

Exercise 1 凱格爾運動

手放在腳旁邊，將會陰肌肉收入去，感覺就像要忍住小便，以訓練骨盆底肌肉，並保持均勻呼吸。

Exercise 2

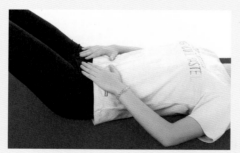

雙手放在盆骨上，形成一個三角形的形狀，將盆骨向上至下活動，感覺到盆骨活動的幅度後，找到脊椎中間點，嘗試將肚臍向內收。有縮肚的感覺，要離持均勻呼吸，手指會摸到腹橫肌有拉緊的感覺。

Exercise 3

可以站立或坐着做深呼吸動作，要注意深呼吸時不要閉氣。

Exercise 4

注意事項： 此動作在生產後才能做，目的是鍛煉腹直肌，因直接做仰臥起坐會增加腹腔壓力，使中間的白線難以合攏，因此不建議做直接仰臥起坐訓練。而這個動作以毛巾輔助，先把腹直肌合攏，再配合捲腹動作，則可以安全地訓練腹肌。

先準備一條長毛巾，膝蓋曲起，將毛巾越過身體後面，毛巾繞到前面，雙手拉扯毛巾兩個末端打交叉，再微微升起上背。

Exercise 5 拱背動作

以手及膝蓋撐住地下，做扒着的動作，維持小腹收起，肚臍向上收的動作。

注意事項： 以上運動可鍛煉核心肌肉的穩定性，建議在懷孕期間或產後 6 至 8 星期期間進行，最理想每日做或者每星期做 3 至 5 次，每次做 3 組動作，每組做 10 下，每下動作維持 5 秒鐘。全部動作保持均勻呼吸，動作 1、2、3 及 5 為預防性質。

小知識

Q 紮肚能夠改善腹直肌分離症嗎？

A 紮肚未必能夠幫助，因為要改善並不是單靠紮肚令肌肉靠攏，而是靠核心肌肉群的活動，來加強腹部肌肉。而且長時間紮肚，更有機會依賴紮肚帶所帶來的外來能量，令自己的核心肌肉變弱，情況有機會加劇。另外，也有專家指出可使用托腹帶去輔助核心肌肉群的運動，來修復這個情況。當然有需要時，請向醫護人員查詢。

4 法改善

多囊性卵巢症候群

專家顧問：張偉麗 / 婦產科專科醫生

　　「多囊性卵巢症候群」這個詞經常會聽到，而且可能正在很多女性身上發生，卻因為情況尚不嚴重而沒有得到重視。它不單會導致月經失調、痤瘡和毛髮旺盛，甚至會導致不孕不育。本文一齊來聽專家解釋，如何改善多囊性卵巢症候群，以成功懷孕。

172

荷爾蒙失調引起

婦產科專科醫生張偉麗表示，多囊性卵巢症候群（Polycystic Ovaries Syndrome，簡稱 PCOS），是由大腦和卵巢荷爾蒙分泌失衡所引起。正常情況下，卵巢會分泌出女性荷爾蒙，包括雌性激素和黃體酮，以及男性荷爾蒙，即是雄性激素，兩者保持平衡；而在多囊性卵巢症候群的影響下，雄性激素的分泌會過多，導致荷爾蒙失調。

月經紊亂是徵兆

目前多囊性卵巢症候群的形成原因未明。女性從第一次來月經到閉經之前，都可能會患上該症，常見症狀有月經紊亂，例如月經量時多時少、月經來的時間不準；身體出現男性荷爾蒙過多的跡象，包括長暗瘡、多體毛；在超聲波下可以看見卵巢中出現很多細小的囊腫，但亦有女性患者毫無症狀。該症發病率高，有的國家甚至高至 10 至 20%。若有家庭成員患有該症，會增大患病的機率。同時，多囊性卵巢症候群和體重亦有關係，肥胖女性會容易患有該症。

影響受孕

卵子是女性受孕的重要元素之一。卵巢會排出液囊，這些液囊被稱為卵泡，而卵泡當中又攜帶卵子。在每個月的生理循環當中，成熟卵泡會破裂和釋放，即排卵。而多囊性卵巢症候群會影響女性的正常排卵，由於大腦無法向卵巢傳遞荷爾蒙信號，因此無法促進卵子的成熟和釋放，從而造成排卵困難、沒有排卵的情況，導致女性無法正常懷孕。

誘發其他疾病

有些女性可能會因為無特別症狀，而對多囊性卵巢症候群置之不理，但若不及時治療該症，除了分泌過多的雄性激素，出現

患妊娠糖尿病風險較高

由於多囊性卵巢症候群患者對胰島素有抵抗力，因此容易出現糖份代謝異常等問題，懷孕後會比一般孕婦更容易患上妊娠糖尿病。

良好的飲食習慣亦有助改善多囊性卵巢症候群。

毛髮多、暗瘡多，影響外觀，還很可能誘發其他的身體疾病，例如肥胖、不孕不育、糖尿病、心臟病、子宮內膜癌，增加健康風險。

改善病情 4 法

張偉麗醫生表示，多囊性卵巢症候群患者若計劃懷孕，便需要先改善病情。一般體重管理以及健康的飲食習慣便可以大大改善情況，針對不同患者的情況，醫生或會配合一定的藥物治療，若情況依然無法改善，醫生或會與患者商量進行手術治療。

❶ 體重管理

體重管理是治療和改善多囊性卵巢症候群的首選方案。由於該症和肥胖的關係密切，透過運動可降低體重，以及穩定體內的激素，即降低胰島素抗阻和過多的雄激素。引用美國婦科醫生 Sara Gottfried M.D 的資料，不需要過於劇烈的運動，每日快步走 20 分鐘，便能減去 7% 的體重。

❷ 健康飲食

良好的飲食習慣亦有助改善多囊性卵巢症候群。飲食宜以低碳為主，即減少攝入碳水化合物含量較高的食物，一般攝取糖類不超過 10%，攝取蛋白質大約在 25 至 30%，攝取脂質在 60 至

體重管理 | *健康飲食* | *藥物治療* | *手術治療*

65% 之間。少食多餐可防止血糖上升過快，另外宜食用全穀物、蔬菜和水果，減少進食加工食品，高糖高油食物容易加速血糖上升。

❸ 藥物治療

若是有生育計劃的多囊性卵巢症候群患者，一般會採用口服排卵藥治療。若口服排卵藥無效，濾泡刺激素針劑會有助刺激患者排卵。張醫生表示，有生育打算的女性應諮詢醫生意見並循醫囑服藥。

❹ 手術治療

針對多囊性卵巢症候群可採用卵巢鑽孔手術，利用腹腔鏡將卵巢皮質上的卵泡鑽孔，以平衡身體的荷爾蒙。但手術並非首選方案，因為它存在一定的風險，除了有麻醉的風險，還有可能因為鑽孔太多而影響卵巢的功能，所以一般在生活習慣調節和口服藥無效的情況下，醫生才會考慮採用，患者宜諮詢醫生意見。

患此症可不避孕嗎？

雖然多囊性卵巢症候群會影響生殖能力，但這並不表示在性生活中不必採取任何避孕措施。有的患有該症的女性，或透過運動等方式將體重減輕了 5 至 10%，多囊性卵巢症候群亦有可能會隨之痊癒，從而恢復正常的生育功能。張醫生表示，避孕和治療多囊性卵巢症候群是可以一同進行的，口服避孕藥除了能達致避孕的效果，同時亦能降低身體製造雄性激素，有助調節身體的荷爾蒙。

死亡率9成
雙胞胎輸血症

專家顧問：方秀儀 / 婦產科專科醫生

　　孕媽媽懷胎原本已不容易，若懷上雙胞胎的話，更要面對雙胞胎輸血症的風險，以下由婦產科專科醫生解釋何謂雙胞胎輸血症以及注意事項。

婦產科專科醫生方秀儀表示，雙胞胎輸血症候群（Twin-to-Twin Transfusion Syndrome, TTTS）只會發生在單絨毛膜（Monochorionic) 的雙胞胎，機會率為 5.5-17.5%。

雙胞胎教室

雙胞胎可以分同卵雙胞和異卵雙胞兩大類：

同卵雙胞：是由一條精子與一粒卵子結合而來，胚胎偶然一分為二，所以兩個胚胎的遺傳基因及性別是完全相同的。同卵雙胞的胎盤類型，又可細分為雙絨毛膜雙羊膜、單絨毛膜雙羊膜或單絨毛膜單羊膜三種。

異卵雙胞：即由兩條精子與兩粒卵子結合而來，兩個胚胎各自帶有不同的遺傳基因，性別可以是一男一女或龍鳳胎。異卵雙胞的胎盤屬於雙絨毛膜雙羊膜類，每個胎兒均有獨立的絨毛膜和羊膜，胎盤間很少有血管相通，互相干預的機會很低。

雙胞胎的機率：大約每 90 次自然生育裏能出現 1 對雙胞胎，約為 1.1%；同卵雙胞胎自然發生的機率為 1/250；異卵雙胞胎自然發生的機率為 1/125。

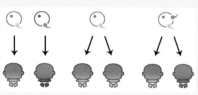

雙胞胎發育差異大

原因是雙胞胎的兩個胎盤連在一起，血管互通，當血液供應不均衡，其中一個寶寶血流灌注較豐富，致羊水過多；另一個寶寶則養份不夠，發育遲緩，缺乏羊水。

TTTS 的供血兒 (Donor twin) 由於不斷地向受血兒 (Recipient twin) 輸送血液，就逐漸地處於低血容量、貧血，其個體小、體重輕，同時貧血，但因低血容量，尿少而發生羊水過少。因為貧血所以顯得蒼白。

受血兒則個體大，其心、肝、腎、胰及腎上腺增大，血紅細胞增多，可出現高膽紅素血症，高血容量使胎兒尿量增多以致發生羊水過多。因為血紅細胞增多，皮膚會顯得紅紫。

死亡率高達九成

雙胞胎輸血症候群是非常嚴重的併發症，只在單絨毛膜類雙

異卵雙胞，兩個胚胎各自帶有不同的遺傳基因，性別可以是一男一女或龍鳳胎。

胞胎發生，若在 15-26 周發生而缺乏治療，胎兒死亡率達九成。倘若一個胎兒不幸胎死腹中，另一個有 30-50% 風險出現腦部創傷，如中風、腦積水等。

雙胞胎輸血症候群徵兆

患雙胞胎輸血症候群的徵兆有：孕婦在短時間（2-3 星期內）突然肚脹增加，可能會覺得呼吸困難；另有早產徵狀，如子宮收縮、早產早期穿水。

孕婦可能會有病徵，但大多數是從超聲波發現，孕婦懷有單絨毛膜的雙胞胎的話，會有較緊密的超聲波監察。超聲波會顯示其中一個胎兒體積較大、羊水較多，另一個胎兒較細小、羊水較少，會迫到子宮的一角。

治療方法

方秀儀表示，目前雙胞胎輸血症最好的治療方法是進行胎兒鏡及激光治療，將胎盤中間的雙通血管封鎖。

最古老且最傳統的治療是通過多次羊膜腔穿刺，其中包括定期從受體胎兒周圍抽取羊水，以減少羊水帶來的壓力。由於多次羊膜腔穿刺會增加早產的風險，這項操作在懷孕早期的成功率有限。

當懷孕周數小於 26 周：

只發現輕微的雙胞胎輸血症候群時，可以每周作超聲波監察，

看情況再決定是否做抽羊水或激光等侵入性治療。

　　若發現嚴重的雙胞胎輸血症候群時，首選是激光治療，中斷不正常的交通血管。

當懷孕周數大於 26 周：

　　26 周後才發現雙胞胎輸血症候群時，抽羊水或間隔打洞讓兩袋羊水互通是可以考慮的治療。

　　孕媽媽應跟隨醫生指示定期覆診和作超聲波檢查。如有病徵盡快求醫。

Q & A

Q **懷雙胞胎與單胎的症狀有何分別？**

A 懷雙胞胎的妊娠反應更強烈：

- 懷孕初期症狀如噁心嘔吐、食慾下降、心情煩躁、頭暈等，會比單胞胎媽媽反應大。
- 子宮和腹部比一般的大：比懷單胞胎媽媽的大，而且增速更快，腰背痛可能會較嚴重。
- 感到兩個不同方向的胎動。
- 懷有雙胞胎的媽媽比懷有單胞胎的媽媽更高風險（約 3-5 倍）有先兆子癇症（妊娠毒血症）及早產的風險。

Q **懷有雙胞胎的媽媽風險較高嗎？**

A 雙胞胎的孕婦較容易患上糖尿、血壓高，早產機會也會增加四至五倍。另外，產後出血風險也較高。雙胞胎兒有發育受阻、畸形等風險也比一般胎兒較大。

　　若孕婦驗出懷有孖胎，建議盡快進行超聲波掃描，最好在十二周內，以鑑別其絨毛膜屬性及評估風險，太遲會難於辨認。此外，雙胞胎產檢的次數要較頻密，其中以單絨毛膜的雙胞胎尤甚，監測胎兒有否出現雙胎輸血症或生長遲緩。

Q **雙胞胎需要開刀剖腹生產嗎？**

A 雙胞胎不一定要開刀，但有需要開刀的機會較高。

　　如果是雙絨毛膜雙羊膜類的雙胞胎、較近產道之胎兒胎位正確（頭向下）、沒有妊娠併發症的話，是可以考慮順產的。不過有其風險，特別當第一胎兒出生後，子宮便會開始收縮，第二胎兒可能受到胎盤氧氣供應不足影響。如有危險的話，則必須緊急進行剖腹生產。

可致不育
子宮內膜異位

專家顧問：李文軒 / 婦產科專科醫生

子宮是胎兒着床的地方，女性每個月的經血是脫落的子宮內膜，經陰道排出，但原來子宮內膜也有機會無法順利排出或出現異位的情況，並有可能影響生育能力。

女性每個月經周期受到荷爾蒙影響子宮內膜增厚，之後子宮會腫脹，增加血管，準備受孕。如沒有成功懷孕的話，子宮內膜會剝落和經血一起形成月經流出。但有些月經包括子宮內膜會經相通的輸卵管，而去到身體其他的部分包括輸卵管、卵巢、子宮肌肉、腹腔或其他更遠的部位聚積下來。當這些子宮內膜聚積於子宮內膜以外的部位，便是子宮內膜異位。

子宮內膜異位症狀

大部份子宮內膜異位是由於子宮內膜累積在子宮外的其他位置，子宮會因為荷爾蒙而腫脹和排出少量的經血，而因排經的位置有所不同，所以月經痛的程度會比平常更加嚴重。

主要徵狀：

- 經痛 / 經期前疼痛
- 經期間大小便疼痛
- 月經時盆腔 / 下背疼痛 / 腹或腸部絞痛
- 經血過多
- 性交時 / 性交後疼痛
- 不育

最常出現的位置：

- 盆腔
- 輸卵管
- 卵巢（朱古力瘤）
- 子宮（腺肌瘤）

其他可能出現的位置：

- 陰道
- 肺
- 腸
- 腦
- 膀胱

朱古力囊腫能導致不孕

當子宮內膜異位影響卵巢時，較大的囊腫會影響排卵，導致卵巢擠塞或卵子質量下降，影響生育能力。如果女性有朱古力囊腫，特別是兩側都有，需要通過手術方法去除囊腫，增加懷孕機會。

導致不孕原因

- 子宮內膜異位可刺激周圍組織 / 血管增生，導致炎症（刺激神經，引致痛楚）

- 黏連（於內部產生瘢痕組織）
- 可將盆腔器官黏為一體並完全包住
- 可黏連到附近的腸道
- 可阻止輸卵管在卵巢排卵期接收卵子

子宮內膜異位與子宮腺肌瘤

子宮腺肌瘤是子宮內膜異位的其中一種，是一種從子宮肌肉產生出的良性腫瘤。它們大部份是良性，但有一小部份會變成惡性，例如血管比較多、增長力快的腫瘤。子宮腺肌瘤因為子宮內膜異位到子宮肌肉，子宮肌肉會長期腫脹引致子宮變大。除了跟子宮內膜異位一樣會有痛經之外，子宮變大可引致月經量多、下腹輕微肚痛和有機會壓着膀胱或腸道，引致尿頻或便秘症狀。

子宮切除術與 HIFU 治療

海扶刀（HIFU）是最近引入的技術。

治療子宮內膜異位症的手術，除了將受影響的範圍切除，亦有子宮切除術及海扶刀治療。手術目的是把朱古力瘤切除或子宮腺肌瘤切除。這兩種手術都可以用微創或開刀進行，要看瘤的大小和醫生的手術經驗。微創手術比開刀的風險較少，例如減少傷口的大小，傷口痛，減少流血，亦可以縮短復原時間和住院時間。

全子宮切除可避免復發，但手術風險較高，之後亦不能夠再生育，所以不是每個女士都會考慮這門手術。至於子宮腺肌瘤切除，主要是把子宮內受影響的範圍切除。但在手術時由於腺肌瘤影響的範圍不能完全清晰分辨，切除範圍可能較大，也可能不能把所有腺肌瘤的組織都清除，所以子宮上會留有較大的傷口，復發的機會也較高。子宮上傷口如較大或深，將來懷孕的時候這個舊傷口便有機會引致子宮破裂。

海扶刀（HIFU）是最近引入的技術，可給患上腺肌瘤的病人一個新的選擇。此技術將超聲波的能量聚焦成為一點，再用高達 60 度的熱量，多點打至子宮腺肌瘤的不同位置，可無創地把子宮腺肌瘤細胞燒溶。手術可在日間醫療處理，監察麻醉便可，不一定要麻醉，復原快，除了皮膚表面沒有傷口外，子宮肌肉也沒有傷口，因而不會影響將來懷孕。研究指出 HIFU 治療後的子宮依然可以懷孕，也可增加因腺肌瘤影響的懷孕機會。

要留意的是，HIFU 治療後子宮腺肌瘤不會立即消失，大概預計半年減少 50%，9 至 12 個月減少 75-90%。復發方面則與手術

切除的機會差不多。HIFU 治療後，雖然腺肌症不是即時清除，但大多數人也會感到經痛和經期問題在短期內明顯地減少。另外，HIFU 治療只是針對腺肌瘤，其他子宮內膜異位問題仍需以手術治療。如朱古力瘤不能採用 HIFU 治療，仍需以手術處理。

藥物治療

症狀輕微的可以藥物治療。首先可以用止痛藥和止血藥減低症狀，但這只是治標不治本。其他藥物治療包括荷爾蒙藥，荷爾蒙藥主要分兩種，一種是有雌激素和黃體酮的混合荷爾蒙（又名避孕藥）。他們能幫助減少月經痛楚，減少血量和調理經期，但效果因人而異，大概一半人能夠有所改善。但服用這種荷爾蒙也有不少的副作用，例如長期服用後可增加血壓血塊和輕微乳癌的風險，短期也可能引致水腫和偏頭痛的問題。

另一種是用黃體酮的藥物治療。黃體酮也可以幫助減低血量和月經痛楚，效果也是大概五至六成人能受惠，但也有不少副作用，主要包括水腫和月經不規則。

一般來説，生育能力只在服用口服激素期間受影響，停止藥物後生育能力會恢復。然而，如果你正在採取注射激素，這個時期可能需要更長的時間。

治療後可再懷孕

子宮內膜異位症引起關注的兩個主要原因，是朱古力囊腫和子宮腺肌瘤。如果卵巢內有朱古力囊腫，切除將提高生育能力。如果影響兩個卵巢，情況尤其如此。由於現時並沒有方法可以預防子宮內膜異位症，建議凡於生育期的女性，應定期做婦科檢查(如盆腔超聲波)，特別是懷疑有症狀的女性，例如持續經痛、經血過多等，其他的身體檢查包括臨床婦科檢查、超聲波掃描、腹腔鏡、磁共振成像 (MRI) 等。

子宮腺肌病患者的累積妊娠率為 19％，而僅患有子宮內膜異位患者的累積妊娠率為 82％，這表明子宮腺肌病與累積妊娠率降低有關，腺肌瘤使子宮腔變形可能阻塞輸卵管口，並干擾精子遷移和胚胎運輸。子宮內自由基的異常水平，似乎會導致子宮腺肌病女性患上不育症。

孕期盆腔
3大問題拆解

專家顧問：梁巧儀 / 婦產科專科醫生

　　子宮位於盆腔中部，懷孕子宮變大，最受壓迫的部位就是盆腔位置，盆腔亦與陰道相連，因此這部位很容易出現痛症和炎症，婦產科專科醫生會為大家拆解三大孕期盆腔問題，讓孕媽媽出現症狀也不會手足無措！

常見問題 1：恥骨聯合分離

女性的骨盆由兩片骨在恥骨處接合，恥骨聯合中間有纖維軟骨，上下附有韌帶，懷孕時因受到荷爾蒙黃體素和鬆弛素的作用，使得恥骨聯合變得鬆弛有彈性，而呈現輕度的分離。再加上子宮隨着懷孕逐漸變大、增加重力，恥骨聯合鬆弛可增加骨盆的伸縮性，這種改變給予胎兒較大的生長空間，也可使媽媽在生產時，讓胎兒能順利通過陰道。

恥骨痛孕後期較嚴重

懷孕恥骨痛是孕期常見的問題，主要發生在妊娠後期。上一胎有過恥骨痛、懷上多胞胎、肥胖、胎兒過大、以前盆骨受過傷的孕媽媽都有較大風險患上此問題。除此之外，恥骨痛亦與年齡有關，一般高齡孕婦會較容易有恥骨痛的問題。

恥骨聯合分離一般對胎兒發展無影響，孕媽媽毋須太過擔心。大部份孕媽媽就算有恥骨痛都能夠順產。生產時，醫生和助產士會考慮不同孕媽媽的情況，去評估適合的順產姿勢，令孕媽媽順利生產。

紓緩方法

孕媽媽可以透過注意日常生活習慣、適當運動，去紓緩疼痛。睡眠時，孕媽媽可以選擇側臥睡姿，放枕頭於雙腳間，減少恥骨聯合處的壓力，從而減少痛楚。日常走動孕媽媽應選擇舒適承托力良好的平底鞋或運動鞋，高跟鞋或拖鞋都不適合，以免增加跌倒的風險。孕媽媽應多作休息，痛楚利害的時候不要勉強走動；當痛楚較輕時，側可保持適量運動伸展，加強肌肉力量，增加關節承托力。

孕期越後，痛楚可能越強，如後期痛症加劇，孕媽媽可考慮以輔助工具支持骨盆，如緊身衣或骨盆束腹帶，做為骨盆的支持，以減緩恥骨聯合處的不適感。更嚴重情況，如痛楚影響行動，孕媽媽有機會要使用有輪子的助行器或拐杖走路。醫生亦會按情況需要轉介物料治療師，指導練習骨盆底肌肉運動，或是小腹運動，進行疼痛治療。如痛楚無法忍受，醫生可能處方口服止痛藥、建議孕媽媽自行冷敷或冰敷等，都有短暫止痛的功用，只要跟從醫生指示，就不會對胎兒造成影響。

醫生若懷疑孕媽媽患上盆腔炎會即時處方抗生素，避免炎症加劇。

常見問題 2：盆腔炎

　　女性的陰道位於骨盆腔的外圍處，這種生理構造令骨盆腔受外界病菌感染的機率提高。當尿道、陰道或肛門等受細菌感染時，細菌會沿着子宮頸入侵子宮內膜，感染擴散到整個盆腔（子宮、卵巢及輸卵管等），造成女性生殖器官發炎，就稱為盆腔炎。性行為開始過早、性生活過於頻繁、有多名性伴侶、曾感染性病、曾進行子宮手術例如吸宮、置入子宮環、宮腔鏡的女性，都屬於高風險一群。

治療方法

　　婦女一旦患上盆腔發炎，一定要及時接受治療，如果沒有徹底治療，容易演變成慢性盆腔炎（長期痛症）；長遠可引致輸卵管閉塞，影響生育能力。

　　醫生若懷疑孕媽媽患上盆腔炎會即時處方抗生素，避免炎症加劇。病人一般需要服食十四天的抗生素療程，通常服藥兩至三日後，腹痛及發燒等徵狀便會減退。如情況較嚴重，如已出現盆

腔膿泡，患者就可能需要入院接受點滴注射抗生素。如抗生素治療無效，患者持續不退燒，醫生或須以手術形式把盆腔膿泡處理。

盆腔炎症狀

一般症狀：
- 下腹疼痛
- 腰痛
- 陰道分泌物增加
- 分泌物有異味、顏色變綠或黃

嚴重症狀：
- 發燒、寒顫發抖、噁心嘔吐

常見問題 3：圓韌帶疼痛

　　孕中期，子宮逐漸擴大往上提，令支撐子宮兩旁的圓韌帶拉緊，造成雙側下腹部和鼠蹊部位產生刺痛、抽痛。鼠蹊部位大概在比基尼三角形側邊線的位置。懷孕時子宮擴大，為保持骨盆的位置，子宮韌帶會將子宮從前向後，拉，並穩定在骨盆中，其中圓韌帶連接子宮上方兩側及骨盆腔側壁，是保持子宮向前的主要韌帶。長時間站立、打噴嚏、咳嗽、大笑、翻身、走動時會比較厲害，這是在懷孕中期最常見的疼痛。這種疼痛一般只持續幾秒鐘，懷孕後期和生產後疼痛的狀況便會消除。

紓緩方法

　　孕媽媽要注意動作慢一點，不要快速坐下或站起來，避免一瞬間拉扯到韌帶位置，起床也要先側身再坐起來，等待數秒才站起來。另外，大笑、咳嗽、打噴嚏時記得稍微彎腰，這樣可以減少圓韌帶的拉伸。

托腹帶有助紓緩痛症嗎？

　　托腹帶一般可以紓緩物理性引起的痛症，如懷孕中後期的腰痠背痛、恥骨痛、圓韌帶疼痛等。托腹帶可托起腹部，幫助孕婦保持正確姿勢，改善孕晚期因胎兒重量落於腹部，以及腰背部不良姿勢所造成的腰痛、背疼等方面都有明顯作用。然而其他疼痛如陣痛、盆腔尿道感染、盲腸炎、胎盤早期剝離等，疾病引起的疼痛，托腹帶不會有幫助，所以如果孕媽媽有持續痛楚，應盡快約見醫生了解痛症源頭。

葡萄胎警號
出血嘔吐嚴重

專家顧問：林兆強 / 婦產科專科醫生

　　剛得悉成功懷孕，不少新手媽媽難免歡喜若狂，滿心期待着寶寶的出生。不過，在懷孕的早期階段，胚胎狀態變幻莫測，一些意料之外的狀況雖不常見，但也嚴重威脅到孕媽媽及胎兒的安全。除了令媽媽聞風喪膽的「子宮外孕」之外，以水果命名的「葡萄胎」亦不能忽視！到底「葡萄胎」是怎樣形成？又會有甚麼具體病徵？本文婦產科專科醫生為大家一揭其神秘面紗。

何謂「葡萄胎」？

婦產科專科醫生林兆強指出，當精子與卵子結合後，細胞會開始分裂並發展成胚胎。但如果此期間胎盤的絨毛細胞不正常增生、間質水腫，形成了大小不一的水泡，水泡間又相連成串，形如葡萄，即被稱為「葡萄胎」。而葡萄胎亦分有兩種：

完全性葡萄胎

胎盤絨毛全部增生，整個子宮腔內充滿水泡，無胎兒及胎盤組織可見。

部份性葡萄胎

部份胎盤絨毛增生，胚胎組織和胎兒可見，但胎兒多死亡，有時可見孕齡小的活胎或畸胎。

成因及相關研究

關於葡萄胎的真正成因，醫學界至今還未調查清楚。幾十年前，亞洲一帶約每 300 名孕婦，就有一名曾懷上葡萄胎。但到現在，在亞洲的已發展地區中，葡萄胎的發病率已降至千分之一。研究調查亦顯示，大於 40 歲及小於 20 歲的女性，在妊娠期間發現葡萄胎的機率較其他年齡層為高。此外，在不同的種族間，葡萄胎的發病率也有差距，如在美國，黑人婦女的葡萄胎發病率僅為其他族群婦女的一半；而新加坡也有研究指出，歐亞混血人種的葡萄胎發病率，比中國人、印度人及馬來西亞人要高出 2 倍。

孕媽媽若發現自己出現下頁徵狀，應儘早求診，讓婦產科醫生為你進行超聲波檢查，以便更準確地判斷是否懷上葡萄胎。

葡萄胎成因

雖然葡萄胎的確切成因尚未完全清楚，但據相關研究資料顯示，其發病原因大致可歸納為以下幾種：

❶ **營養不良**——胚胎生長缺乏必要的物質
❷ **病毒感染**——病毒誘使絨毛增生過度
❸ **卵巢功能衰退**——因而產生不正常的卵子
❹ **遺傳變異或染色體畸變**
❺ **其他的免疫問題**

一旦確診葡萄胎，孕媽媽將要進行人工流產手術。

臨床病徵

- 陰道出血
- 子宮腫大超過懷孕周數
- 甲狀腺功能亢進
- 血液中的絨毛膜 (HCG) 指數過高
- 嚴重噁心及嘔吐
- 兩側輸卵管腫大
- 早期先兆子癇病徵

高危群體

- 營養不良的婦女
- 年齡大於 40 歲的孕婦
- 年齡小於 20 歲的孕婦
- 經常流產的婦女

葡萄胎之復發率

曾患 1 次葡萄胎的孕媽媽，下次懷孕的復發率為 1%

曾患 2 次葡萄胎的孕媽媽，復發率則會急增至 15.2%

治療方法──人工流產手術

　　一旦確診葡萄胎，孕媽媽將要進行人工流產手術，以清除體內有害的細胞。婦產科醫生會使用真空吸引方法，為媽媽吸出不正常的組織；在完成第一次吸宮的 2 周後，再為媽媽進行刮宮手術，以確保子宮內的不正常細胞已清理乾淨。而在整個手術完成後，醫生仍須為媽媽密切監控其絨毛膜 (HCG) 指數，以確保指數回落至正常水平，以免出現病變等情況。

預備懷孕的女性亦要多注意日常生活習慣，保持有序作息，同時注意營養攝取。

醫生問答室

Q **曾患葡萄胎的媽媽，多久才能再度懷孕？**

A 曾患葡萄胎的媽媽，在人工流產手術完成、並徹底康復的一年後，才可重新懷孕，迎接新生命。因為懷上葡萄胎後，一年內有較大機會復發，因此期間並不適宜再度懷孕。

Q **聽聞葡萄胎容易轉化為癌症，是真的嗎？**

A 是的，在部份不幸的情況下，一些患者的葡萄胎組織會侵入子宮肌層，或轉移至子宮以外，從而形成癌症。此時，醫生的治療會根據癌細胞的轉移路線，以化療為主、手術輔之。為免這種情況發生，葡萄胎的手術後監察治療亦尤為重要，絕不能忽視。

Q **預備懷孕的女性可以如何預防懷上葡萄胎？**

A 葡萄胎的確切成因，至今未明，但鑑於 40 歲後發病率會大增，因此建議女性可盡量在此前完成生育計劃，規避風險。此外，預備懷孕的女性亦要多注意日常生活習慣，保持有序作息，同時注意營養攝取，並在發現懷孕後及早作產檢，以確保胎兒無恙。

妊娠蕁麻疹

痕癢難耐

專家顧問：唐碧茜 / 皮膚科專科醫生

　　明明整個孕期都好好的，誰知甫踏入懷孕後期，肚子便出現一粒粒或一塊塊的紅疹，奇癢無比，甚至越抓越癢！這樣的話，你可能已患上妊娠蕁麻疹！究竟甚麼是妊娠蕁麻疹？它真的如其名字一樣可怕嗎？本文皮膚科專科醫生為大家解構此病，以及對付它的方法。

何謂妊娠蕁麻疹

皮膚科專科醫生唐碧茜表示，妊娠蕁麻疹是懷孕常見的皮膚病，發病率大約是 160 孕婦之中便有一個患者。此病的全名是「妊娠搔癢性蕁麻疹樣丘疹及斑塊」（英文簡稱 PUPPP），因為發病特徵與蕁麻疹的紅疹樣子相似，所以一般稱為「妊娠蕁麻疹」，但其實和真正蕁麻疹是兩種不同病，妊娠蕁麻疹可以有很多種形態出現，如粒狀、塊狀和水泡狀等，故又稱為「妊娠多形疹（英文簡稱 PEP）」。

病發成因

到現在為止仍未確定妊娠蕁麻疹的發病原因，可能與荷爾蒙變化有關，亦可能是因為懷孕後肚皮突然撐大所致。首次懷孕的媽媽、懷多胞胎的媽媽、胎兒過重或孕媽媽體重過多，都容易患上此病，發病時期則通常於第三孕期，即 35 周左右，亦有少數出現在產後初期。

妊娠蕁麻疹病徵

- 快速出現，集中於腹部，通常沿着妊娠紋起紅疹，但不包括近肚臍位置。
- 症狀初期多為 1 至 2 毫米的紅色小丘疹，疹子周遭會感覺浮腫。
- 症狀嚴重時，除了在腹部出現紅疹，臀部、胸部及四肢等因懷孕而變大的部位都會出現。
- 極少出現在面部、手掌和腳掌等部位。
- 痕癢的程度難以忍受，甚至可能影響睡眠。

病情影響

雖然妊娠蕁麻疹徵狀惡劣，但唐醫生表示，此病其實相當良性，不會影響寶寶的健康，而發作時間大約維持 6 星期，之後便會消退。即使發作期間非常嚴重和難受，亦只維持約一星期，情況不會變得越來越差。大部份妊娠性蕁麻疹會在生產完後 1 至 2 星期內自行復原，不過每位孕婦的體質狀況不同，孕媽媽若比較遲恢復的話也不用太緊張，而下一次懷孕再復發的機會也不大。

治療方法

因為是良性病，針對妊娠蕁麻疹的治療以紓緩為主，醫生會視乎每個孕媽媽的情況而決定是否使用塗抹性的類固醇藥膏，或者口服抗組織胺藥丸。有些孕媽媽可能擔心這些藥物會有副作用，對胎兒造成影響，寧願「死忍」都不求醫，唐醫生表示，現今醫學界治療妊娠性皮膚搔癢疾病的藥物都十分安全，若孕媽媽因過度痕癢而影響睡眠，導致情緒和生活質素受影響，甚至如因太痕癢而抓傷皮膚，引致發炎和細菌感染，對自己和胎兒都不是好事。

日常生活 Dos and Don'ts

Dos

✔ 選擇性質溫和、無香料、無色素、少防腐劑的沐浴用品及潤膚膏。
✔ 選擇棉質類衣服，不要太鬆或太緊，亦要避免摩擦到皮膚。
✔ 避免接觸令病情加重的因素，例如塵蟎和塵埃、動物毛屑、花粉等致敏原。
✔ 塗抹潤膚膏時要有足夠次數和份量，保護和修復皮膚屏障。
✔ 盡量避免抓癢，改為採用輕拍痕癢部位止痕。
✔ 均衡飲食。
✔ 充足睡眠。

Don'ts

✘ 洗澡時過份洗擦或抓癢。
✘ 洗澡的水溫太熱，導致皮膚上的油脂膜被洗走，令皮膚屏障更差。
✘ 洗澡的時間太久，超過 10 至 15 分鐘。
✘ 太大精神壓力，因而影響免疫系統。

注意事項

唐醫生提醒各位孕媽媽，不要以為有類似妊娠蕁麻疹的徵狀出現便置之不理，因為有些妊娠皮膚病可對胎兒造成嚴重影響，例如妊娠類天疱瘡、膿疱型銀屑病、妊娠期肝內膽汁淤積症等疾病。因此若孕媽媽發現皮膚有問題，應諮詢婦產科醫生或皮膚科專科醫生，盡快斷診，並得到適切的治療。

醫生處方的塗抹藥膏可舒緩妊娠蕁麻疹。

Q & A

Q 如何分辨妊娠蕁麻疹和濕疹？

A 妊娠蕁麻疹可以多形態出現，有時紅疹徵狀與濕疹類似，但要分辨兩者仍然不難。

發病時間：
濕疹通常在第一或第二孕期已經出現，不像妊娠蕁麻疹般只在懷孕後期出現。

發病位置：
妊娠濕疹通常出現在頸部、面部、手肘內側或膝蓋內側等位置；妊娠蕁麻疹則多出現在肚皮位置。

家族遺傳：
妊娠濕疹患者自身或其家人都可能有敏感體質，例如鼻敏感、曾患哮喘、濕疹、風疹等。

復發機會：
妊娠蕁麻疹大多只發生在第一次懷孕的媽媽身上，以後復發機會甚微，但曾有妊娠濕疹的孕媽媽之後再懷孕，仍有機會復發。

甲狀腺亢進
懷孕風險增

專家顧問：方秀儀 / 婦產科專科醫生

　　當你有淋巴腺腫大、眼睛突出式或心跳快速時，有機會是罹患甲狀腺癌，甲狀腺疾病異常對於想懷孕的女性來說，有機會導致月經不規律，甚至不孕。如果孕婦患甲狀腺癌，沒有控制治療甲狀腺亢進的話，會引起流產、早產、胎兒生長遲緩，甚至胎死腹中。

方秀儀醫生表示，甲狀腺亢進是甲狀腺荷爾蒙過多所導致的疾病，原因包括甲狀腺腫大、甲狀腺腺瘤、甲狀腺炎、碘食用過量等。只有很小部分甲狀腺腫瘤為惡性癌，若有聲音暗啞、局部淋巴腺腫大，都是可能罹患甲狀腺癌的警號。

甲狀腺亢進病徵：

- 心跳快速
- 心律不正
- 手抖
- 體重減輕
- 肌肉乏力
- 怕熱
- 失眠
- 易怒煩躁
- 腹瀉
- 眼睛異常、明顯突出

甲狀腺亢進的女性能懷孕嗎？

方醫生指要視乎甲狀腺荷爾蒙水平。如果甲狀腺荷爾蒙只是比正常稍高的話，一般對排卵、月經及對胎兒的影響不大。如果甲狀腺荷爾蒙水平嚴重的話，有機會導致月經不規律，甚至不孕。但是，甲狀腺疾病異常造成不孕大部份原因是甲狀腺低下，引致月經停頓，而不是甲狀腺亢進。

懷孕會讓甲狀腺亢進惡化？

在懷孕早期胎盤分泌荷爾蒙「人類絨毛膜促性腺激素」(hCG)，結構類似甲狀腺荷爾蒙，因此懷孕初期會有令甲狀腺亢進症狀惡化現象，可能會有嚴重嘔吐、體重減輕的症狀。

懷孕中、後期，hCG 指數會穩定，甲狀腺亢進症狀反而會減輕。

有甲狀腺亢進的孕婦，比正常的婦女有較高的流產傾向，而且也較容易早產。

懷孕注意：

應該將甲狀腺荷爾蒙水平控制於正常範圍內，才考慮懷孕，不應擅自停藥。方醫生建議控制穩定達6 個月才受孕是比較安全的做法。懷孕後應盡快看內科及婦產科醫生跟進。

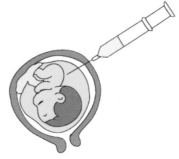

懷孕初期會有令甲狀腺亢進症狀惡化現象。　　　　　甲狀腺亢進的孕婦須視乎產前及生產時的狀況，以決定採行自然產或剖腹產。

甲狀腺亢進對孕婦及胎兒有甚麼不良影響？

　　有甲狀腺亢進的孕婦，如同時亦有甲狀腺刺激抗體的話，抗體會經過胎盤傳輸給胎兒，刺激胎兒甲狀腺荷爾蒙分泌，引起胎兒甲狀腺亢進。

　　如孕婦的甲狀腺荷爾蒙水平是正常或稍略偏高，一般只要定時抽血覆診，對孕婦及胎兒的影響不大。如果甲狀腺荷爾蒙水平較高，就需要藥物治療。

　　若孕婦沒有用藥物好好控制治療甲狀腺亢進，會引起流產、早產、胎兒生長遲緩，甚至胎死腹中；孕婦也容易有貧血、感染、妊娠毒血症，甲亢嚴重也可造成充血性心臟衰竭，甚至死亡。

　　胎兒出世後需接受兒科醫生檢查及抽血檢查甲狀腺荷爾蒙水平，胎兒有可能會有暫時性的甲狀腺亢進，需要抗甲狀腺藥物治療。

治療藥物不影響胎兒及哺乳

方醫生指出，甲狀腺亢進於懷孕期間治療方式以藥物為首選。最常使用為 PTU（propylthiouracil），副作用較少，雖會穿透胎盤，但造成胎兒畸形比例極低，孕婦可安心服用，即使產後哺乳都不需擔心。

另外一種藥物為 Carbimazole，亦相對安全。不過有報道指出，Carbimazole 可能會造成胎兒頭皮缺陷，所以一般於懷孕 12 至 14 周後使用。

懷孕期間不適宜以放射線碘治療甲狀腺亢進，因為放射線碘會經過胎盤傳給胎兒，會破壞胎兒的甲狀腺。

生產時注意事項：

- 盡量應於生產前配合醫生。
- 服用藥物控制甲狀腺功能於正常水平。
- 甲狀腺亢進的孕婦在控制得宜下可採行自然生產，不過亦須視乎產前及生產時的狀況，以決定採行自然產或剖腹產。

如果患有嚴重甲狀腺亢進，在遇到刺激時（如感染、陣痛、剖腹產或是其他手術），可能會有嚴重的併發症：甲狀腺危機（Thyroid crisis）或甲狀腺風暴（Thyroid storm），使全身代謝功能失序造成心肺功能衰竭的危險，就需要其他專科醫生整合治療（麻醉科、內科、ICU 醫生等）。

產後能餵母乳嗎？

據研究顯示，餵哺母乳的婦女服用抗甲狀腺亢進藥物 PTU 或 Carbimazole，分泌至乳汁的劑量很少，都沒有影響嬰兒血液中的甲狀腺荷爾蒙水平，亦不會手影響小孩將來的身體狀況和智力。因此產後能餵哺母乳。

預防甲狀腺亢進

方醫生提醒：盡量不要吃過量的含碘食物。

孕媽恥骨痛
點預防？

專家顧問：梁巧儀 / 婦產科專科醫生

　　恥骨痛除影響孕婦的睡眠質素之外，其日常生活如下床或穿鞋着襪，都變得極為艱辛。到底如何預防恥骨痛？有甚麼紓緩方法？記得留意以下文章啦！

甚麼是恥骨痛？

婦產科專科醫生梁巧儀表示，懷孕期間荷爾蒙（鬆弛素和黃體素）的變化，令韌帶鬆弛，使骨盆的伸縮性變大，以給予胎兒更多的成長空間，有利於分娩的進行。但恥骨聯合關節的韌帶也會同時變得鬆弛，關節之間的不穩定加上胎兒的重量壓力，都會引起恥骨疼痛，情況非常普遍。

恥骨位置

恥骨的位置位於骨盆的正前方，在兩大腿之間，陰部之上正中間的骨頭。恥骨聯合關節則是左右兩塊恥骨的連接處。

恥骨痛症狀

恥骨痛最常見的症狀為恥骨及腹股溝（大腿內側）疼痛不適。動作如走動、翻身、上下樓梯、大開雙腳；拉扯到恥骨聯合和盆骨關節，都會加劇疼痛。疼痛有機會延伸反射至腰背、骨盆後側、或向下到雙腿之間。這些疼痛一般在懷孕後期會增加，產後 4 至 12 周便回復正常。

恥骨聯合疼痛成因

造成恥骨聯合疼痛之主要因素為骨盆韌帶鬆弛。恥骨聯合關節中間有纖維軟骨，上下附有韌帶，位於骨盆的前方，纖維軟骨中間有一條裂隙。懷孕時，因受到荷爾蒙黃體素和鬆弛素的影響，聯合會變得鬆弛有彈性，而呈現輕度的分離。若過度鬆弛，再加上子宮隨着懷孕逐漸變大、增加壓力，便容易使韌帶像橡皮筋被過度拉扯般的緊繃而引起痛症。

緩解恥骨痛

孕媽媽可以透過注意日常生活習慣、適當運動紓緩疼痛，加強肌肉功能和恥骨聯合的穩定性。睡眠時，孕媽媽可以選擇側臥睡姿，放枕頭於雙腳間，減少恥骨聯合處的壓力，從而減少痛楚。日常走動孕媽媽應選擇舒適承托力良好的平底鞋或運動鞋，高跟鞋或拖鞋都不適合，以免增加跌倒的風險。孕媽媽應多作休息，痛楚利害時不要勉強走動，當痛楚較輕時，則可保持適量運動伸展，加強肌肉力量，增加關節承托力。如後期痛症加劇，孕媽媽

可考慮以輔助工具支持骨盆如緊身衣或骨盆束腹帶，作為骨盆的支持，以減緩恥骨聯合處的不適感。嚴重情況，如痛楚影響行動，孕媽媽有機會要使用有輪子的助行器或拐杖走路。醫生亦會按情況需要轉介物理治療師，指導練習骨盆底肌肉運動，或是小腹運動進行治療。口服止痛藥、冷敷或冰敷等都有短暫止痛的功用，對胎兒無害。

預防恥骨痛

1. 避免拉扯恥骨部位動作

應避免一些會拉扯到恥骨聯合的動作，如過度或長時間跨開雙腿、蹺腳坐、盤腿坐、蹲下等。

2. 落床轉身要注意

孕媽媽於床上起床或轉身時，應先合起雙腳，曲膝，轉為側身。再用手支撐身體，坐在床邊。雙腿要分開，至肩寬度，雙手放大腿上，身向前傾，然後站起來。

3. 適量休息，動作放慢

情況可以的話，孕媽媽應盡量休息。走動時應放慢動作，緩慢移動，走路或上下樓梯，避免跨大步。當動作引起痛楚時，應停止並坐下休息。

4. 避免提重物

避免搬提、高舉或推拉重物；有需要時請伴侶或家人幫助。

5. 坐下穿下半身衣物

避免單腳站立，所以穿鞋、襪、褲子或裙子時，盡可能要坐在床上或椅子上。

6. 小心上落樓梯

盡量應使用升降機上落，如必須使用樓梯，應逐級上落和扶着扶手來減輕痛楚。

7. 勤做運動

多做盆骨底肌肉運動以及鍛煉腰腹肌肉，有助穩固盆骨，減低恥骨聯合痛的情況。

盆骨底肌肉運動以及鍛煉腰腹肌肉，有助穩固盆骨，減低恥骨聯合痛的情況。

Q & A

ⓠ 第一胎恥骨聯合分離，第二胎需要剖腹嗎？

ⓐ 第一胎曾患上恥骨聯合分離的孕媽媽，下一胎有同樣情況的機會會增加，但一般生產完也會自然康復。如第一胎可以自然生產，除非有其他併發症，孕媽媽一般是可以順產的。

ⓠ 生越多胎越容易導致「恥骨聯合分離」嗎？

ⓐ 上胎有恥骨聯合分離、懷上多胞胎、肥胖和從前盆骨受過傷的婦女都較大風險患上此症。

ⓠ 孕婦恥骨痛能不能順產？

ⓐ 大部份孕媽媽恥骨痛都能夠順產。生產時，醫生和助產士會考慮不同孕媽媽的情況去評估適合的順產姿勢，令孕媽媽順利生產。

孕期頭痛
不可忽視

專家顧問：李文軒 / 婦產科專科醫生

　　頭痛是個常見的身體不適症狀，被風吹到會痛，睡不好會痛，精神緊張也會痛，有時很難推敲到頭痛真正的原因是甚麼，甚至習以為常地認為休息一會就會好了，反正通常也不會衍生出甚麼大病。然而對孕婦來說，頭痛是妊娠毒血症的重要症狀，不能掉以輕心。

頭痛是懷孕期間最常見的不適之一。在懷孕期間的任何時候都可能發生頭痛，但是在首三個月頭痛最為常見。在首三個月中，孕婦的身體會經歷激素暴增和血液量增加，這兩個變化會導致更頻繁的頭痛。除此之外，壓力、不良姿勢或視力變化，亦可能會進一步加劇頭痛問題。醫生指出，病患的頭痛往往是與負重引起的不良姿勢和精神緊張有關。

懷孕期間頭痛原因

- 睡眠不足
- 低血糖
- 脫水
- 咖啡因戒斷
- 鼻竇炎

- 貧血
- 偏頭痛
- 子癇前期 - 妊娠毒血症
- 其他原因，例如顱內壓升高
- 壓力（懷孕期間生心理變化引起）

不同類型的頭痛

鼻竇炎 — 與鼻竇疼痛和上呼吸道感染有關

貧血 — 通常與疲倦、呼吸急促和低紅血蛋白有關

低血糖 — 疲勞、頭暈和低血糖

壓力 — 持續不斷的疼痛會影響頭部的兩側，可能還會感覺到頸部肌肉緊繃和眼後有壓力。緊張性頭痛通常不至於影響日常活動，通常會持續 30 分鐘至幾個小時，亦有可能會持續幾天。

偏頭痛 — 通常痛在單邊，痛像一下下脈動，會持續數分鐘到數小時。中度至重度的偏頭痛會導致噁心、嘔吐、對光和聲音特別敏感，有機會影響正常生活，症狀亦可能因日常體育鍛煉而加劇。

妊娠毒血症的頭痛症狀

會診斷為妊娠毒血症的頭痛，通常發生在懷孕後 20 周或以後的時候，伴隨着血壓升高和檢驗出蛋白尿。頭痛的診斷通常包括以下至少兩項：是否雙邊位置的頭痛、脈動質量、活動會否加劇頭痛。妊娠毒血症的其他跡象包括水腫，一般容易見於腳踝、臉和手部部位。妊娠毒血症不能掉以輕心，嚴重會導致宮內胎兒發育遲緩、子癇、腦出血，甚至產婦死亡。妊娠毒血症的嚴重頭痛會導致視覺出現問題，例如對明亮的燈光敏感，看到閃光和視力模糊，身體方面甚至出現肋骨下方疼痛，肝臟、凝血因子、腎臟的血液異常。

通過少吃多餐來維持血糖，這也可能有助於防止將來出現頭痛。

頭痛點算好？

一般措施

溫敷：鼻竇炎性頭痛可在眼睛和鼻子周圍塗抹溫熱的敷料。

冷敷：緊張性頭痛可在頸部底部塗抹冷敷或冰袋。

少吃多餐：通過少吃多餐來維持血糖，這也可能有助於防止將來出現頭痛。

按摩：按摩肩膀和頸部是緩解疼痛的有效方法。

紓緩：在黑暗的房間裏休息，深呼吸。

放鬆：洗個熱水澡或泡澡。

緊張頭痛管理

- 練習良好的姿勢（尤其是在妊娠中期）
- 充分休息和放鬆
- 輕度到中度運動
- 飲食均衡
- 將冷敷袋或熱敷袋套在頭上

偏頭痛管理

- 可以通過避免常見的偏頭痛原因來減少偏頭痛的可能性
- 某些食物：朱古力、酒精、酸奶、陳年奶酪、花生、新鮮酵母麵包、醃製肉類、酸奶油
- 刺激 — 疲勞，燈光閃爍，電視
- 止痛藥
- 向醫生諮詢

治療妊娠期頭痛藥物

(✔) 乙醯胺酚
(✘) 非類固醇消炎止痛藥
(✘) 嗎啡類藥物

以下情況必須徵詢醫生意見：

- 嚴重的頭痛
- 視力問題，例如模糊或看到閃光
- 肋骨下方疼痛
- 嘔吐
- 臉、手、腳或腳踝的腫脹突然增加
- 不受控制的頭痛
- 失去意識

Q & A

Q **頭痛影響懷孕？**

A 一般頭痛不會影響懷孕。但如果發現患有妊娠毒血症，則會導致胎兒宮內發育遲緩。

Q **孕期頭痛可以利用食療或是刮痧按摩等方式來紓緩嗎？**

A 頸部和肩部的按摩可以緩解頭痛，但長時間按摩或全身按摩應避免，特別避免完全平躺或壓着腹部。孕期應避免食療或是刮痧，除非有註冊中醫師在知道你懷孕的情況下推薦。

懷孕腹痛
可大可小

專家顧問：林兆強 / 婦產科專科醫生

　　受到荷爾蒙影響，許多孕媽媽在孕期中都會腹部痛，孕媽媽都以為是小事一則，但腹痛的背後可能潛藏着其他問題，特別是突發性或劇烈的腹痛，各位孕媽媽不容忽視。

正常懷孕

子宮外孕

懷孕初期

　　孕婦會感覺到小腹因子宮撐大的脹痛感，這感覺不會太強烈，有時稍作休息便會紓緩，但如果痛楚持續並如撕裂般絞痛，可能是宮外孕的先兆，但如下腹感到一陣陣收縮，像痙攣般的疼痛，則可能是流產先兆。另外，有些孕婦在初期會形成俗稱卵巢水瘤的水瘤，有可能因此產生扭轉或破裂，造成下腹的持續劇烈痛楚。

宮外孕導致懷孕早期孕婦腹痛

可能出現的症狀： 骨折並伴有疼痛，通常從扭轉開始，然後擴散到整個腹部

原因： 受精卵在子宮外着床，可能在輸卵管、卵巢、腹腔或子宮口

可能出現的時間： 孕早期

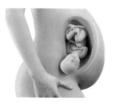

如何應對： 立即到醫院就診，如果不及時治療，宮外孕可能會導致生命危險

懷孕中期

　　懷孕中期孕婦最常感到的疼痛是下腹兩側，這是因為子宮韌帶拉扯而產生，並不會對懷孕造成危險。另外，此時子宮增大而頂至胃部，再加上食道與胃部的括約肌鬆弛，造成胃液倒流，會有胸口灼熱疼痛的感覺。但如果下腹感到規則的收縮，同時合併有下腹部繃緊的感覺時，則有可能是子宮收縮引起，是早產的先兆，孕婦不可以輕視。

流產導致孕婦腹痛

可能出現的症狀： 腹部絞痛並伴有大量出血

原因： 通常是因為胎盤老化、孕婦的疾病或外傷

可能出現的時間： 懷孕 13-27 周

如何應對：如果患有高血壓性腹痛的同時有大量出血，請撥打急救電話或前往最近的急救中心。如果只是有流產的危險，醫生可能會建議臥床休息

懷孕後期

至孕後期，子宮已十分巨大，巨大的子宮壓迫到腸胃器官，孕婦會常感到噁心，吃不下東西，兩側肋骨感到快要斷，甚至出現輕微的氣喘現象。而恥骨與膀胱受到擠壓感到了尿頻與疼痛，直腸也因受到擠壓而出現腹脹及便秘等不適，這些情況對懷孕不會構成危險，但若持續性強烈的子宮收縮，有時會伴隨陰道出血，則可能是胎盤提早剝離的危險信號，此時應立即求醫診治。

而在孕期任何時段，與懷孕無關的其他腹痛也有可能會隨時出現，常見的腹痛有：

腸胃炎或食物中毒

孕婦像其他人一樣，偶爾也會出現腸胃炎或吃了一些不潔的食物後出現腹痛，其症狀包括腹痛、噁心、嘔吐和腹瀉，但要注意不可胡亂到藥房購買成藥服用，因為藥物對胎兒可能構成影響，而且腸胃炎或食物中毒可以引致早產，因此必須作適當治療。

急性盲腸炎

急性盲腸炎是懷孕期間的特徵，其病發率約介乎千分之一，因受到子宮擠壓盲腸的位置會隨着孕齡向上推擠。因此疼痛的位置也隨之變化，會診斷困難，其症狀包括下腹部壓痛、噁心、嘔吐、發燒。

子宮肌瘤

子宮肌瘤所引致的腹痛通常是局部性的，痛的位置是固定的，而且是突發性，如果在孕前就存在子宮肌瘤，可能在懷孕期間長大，對懷孕生產不利，如果肌瘤變性壞死、肌瘤扭轉及直接干擾胎兒發育或阻礙生產等，其治療方法在懷孕期間只能以止痛藥來控制病情。

急性胰臟炎

急性胰臟炎是並不常見的疾病，發初期腹痛並不嚴重，會出

急性胰臟炎的治療方法也是以止痛、補充水份營養支援為主。

現嘔吐、噁心和輕微發熱，隨進食而使症狀加劇變得明顯，懷孕期由於子宮增大腹壓升高，加上高蛋白、高脂肪的飲食，消化系統的負荷明顯增加，胰管內壓升高，加之腸道中脂肪積存較多，這些因素結合起來就可能引發胰腺炎。急性胰臟炎的治療方法也是以止痛、補充水份營養支援為主。

卵巢腫瘤

常見的症狀包括腫瘤扭轉及腫瘤破裂，在懷孕後期因子宮的阻擋，較難發現卵巢腫瘤，因此孕婦應在懷孕初期以超聲波檢查是必須和重要的，一旦發現有卵巢瘤，必須時刻保持警覺，當有腹部絞痛不適，要盡速就醫。

腹痛與懷孕不適易混淆

由於懷孕時，逐漸長大的子宮會使腹腔器官受推壓移位，令與懷孕無關的腹痛容易與懷孕的不適現象混淆，同時脹大的子宮會遮擋着其他腫瘤和病變使診斷困難，因此孕婦於懷孕期間有任何腹痛不適都不能掉以輕心，必須尋求專業意見並作出適當的治療。

及早預測
早產妊娠毒血症

專家顧問：香港中文大學醫學院

　　妊娠毒血症是每個孕媽媽聞之色變的疾病，病症可導致孕婦出現子癇現象，甚至令腎臟、肝臟、神經系統受損，胎兒亦可能會發育不良或早產。針對以上問題，香港中文大學一項研究證實，改良後的「三重檢測方法」有效預測孕婦患早產妊娠毒血症的風險，及早作出預防。

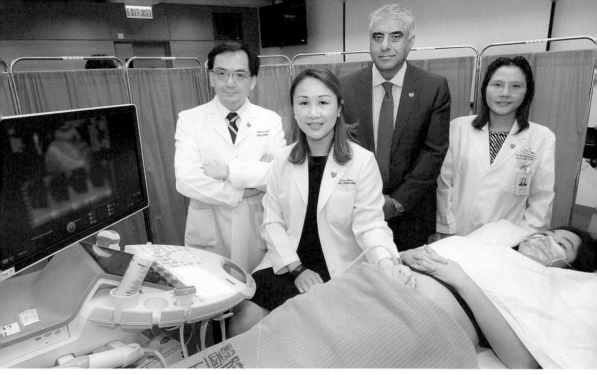

香港中文大學改良英國胎兒醫學基金會 (FMF) 的三重檢測方法，來評估懷孕 11 至 13 周 (早孕期) 的孕婦患早產妊娠毒血症的風險。

　　早產妊娠毒血症對孕婦及胎兒有極大影響，包括全球約 2 至 8% 的孕婦，導致她們在懷孕期間出現併發症及死亡，每年有 7 萬多名婦女，以及 50 萬個嬰兒因此而死亡。中大醫學院婦產科學系系主任梁德楊教授解釋，醫學界普遍認為妊娠毒血症主要是由於胎盤功能較差引起，令胎盤無法提供足夠的血液給胎兒，導致子宮動脈血管舒張不良，繼而引致妊娠毒血症的常見症狀。常見症狀包括頭痛、視力模糊、嘔吐及腿部腫脹等。

改良方法提升篩查數字

　　香港目前使用的傳統妊娠毒血症篩查方法，是從懷孕 20 周後出現的病徵診斷，當中包括孕婦特徵、產史和病史，以識別風險因素，但表現有限，只能篩查出約四分之一的患者。香港中文大學改良英國胎兒醫學基金會 (FMF) 的三重檢測方法，透過平均動脈壓、子宮動脈搏動指數及血清胎盤生長因子，來評估懷孕 11 至 13 周 (早孕期) 的孕婦患早產妊娠毒血症的風險。

　　中大醫學院婦產科學系教授潘昭頤表示：「研究團隊證實，

中大醫學院婦產科學系團隊認為新方法可提早篩查出患病的高危孕婦，從而預防和減低嬰兒早產的風險。

到目前為止，三重檢測比傳統的 ACOG 和 NICE 的建議，可以更有效地識別高風險孕婦。使用這種方法進行早產妊娠毒血症篩查，將有助於早期風險評估和及時採取預防措施。而且，三重檢測使用現有的基礎設施和技術即可預測早產妊娠毒血症，令相關技術可以很快投入使用。」

經中大改良的三重檢測法可確認 48.2% 的早產妊娠毒血症患者，提升檢測率；而假陽性率控制在約 5%；當假陽性率控制在約 20% 時，三重檢測可準確識別 75.8% 的患者。

處方低劑量亞士匹靈治病

潘昭頤教授認為新方法可提早篩查出患病的高危孕婦，從而預防和減低嬰兒早產的風險。她亦提到，對於早產妊娠毒血症高風險的孕婦，可以處方低劑量的亞士匹靈，使嚴重妊娠毒血症的患病率降低至少六成。不過，由於正確劑量的處方必須在懷孕 16 周之前開始療程，因此及早接受檢測對適時及預防早產妊娠毒血症相當重要，而且可減低孕婦患併發症、早產嬰兒所帶來的風險以及醫療成本。

建議高風險孕婦接受檢查

中大婦產科學系已推出新篩查服務，為已登記懷孕 11 至 13 周的孕婦作出檢測，收費為 $2,800，約 3 天可得知結果。梁德楊建議所有孕媽媽，尤其是首次懷孕、高齡、肥胖，以及患糖尿病的孕婦接受測試。他亦希望，醫管局未來能將三重檢測方法納入恆常產前檢查，讓所有孕婦免費接受篩查，早日預防早產妊娠毒血症。

湛秀芳醫生示範替孕婦量度平均動脈血壓，作為透過「三重檢測方法」預測妊娠毒血症的其中一項生物指標。

早孕期妊娠毒血症篩查

適合人士	所有懷孕第 11+0 至 13+6 周的單胎孕婦
篩查步驟	篩查分為四個部份： 1. 記錄孕史及病史 2. 抽取血液樣本 3. 雙手測量血壓兩次 4. 進行超聲波掃描評估子宮動脈流量
評估結果	大約 3 個工作天便可得知早產妊娠毒血症的風險評估結果
篩查費用	早孕期妊娠毒血症篩查 +NIPT：$6,700 早孕期妊娠毒血症篩查：$2,800
預約方法	親臨威爾斯親王醫院李嘉誠專科門診南翼 2 樓 30 號房香港中文大學胎兒醫學組辦公室
致電預約	香港中文大學胎兒醫學組 3505 4219 電話留言（留下姓名、電話及有興趣參加的服務）
網上預約	登記網址：http://www.obg.cuhk.edu.hk/fetal-medicine/fetal-medicine_services/first-trimester-preeclampsia-screening/%E3%80%82

註：以上價錢截至 2020 年 1 月為止，最新以官方公佈為準

新法更準確
測胎兒基因病

專家顧問：香港中文大學醫學院

接受產前檢查是每位孕媽媽的指定動作，香港中文大學醫學院團隊研發新技術，比起現行的產前檢測方法，能更準確靈活地分析到胎兒是否患有嚴重先天性疾病，特別適合高危的孕媽媽，為她們提供更準確的胎兒診斷，以便管理生育計劃。

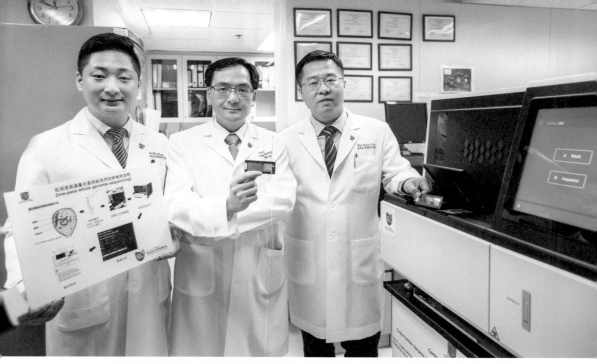

中大醫學院婦產科學系成功引入嶄新的全基因組測序技術，以進行遺傳學入侵性產前診斷，能夠更精確檢測致病性的基因問題。

　　胎兒的健康，應該是準父母最關心的事，因此針對先天性疾病的產前檢測更為重要。香港中文大學（中大）醫學院引入全新產前診斷的檢測流程，嶄新的全基因組測序技術，能夠更準確地進行遺傳學入侵性產前的診斷。

　　倘若孕婦曾經歷流產、胎死腹中、超聲波檢查顯示胎兒異常，或是唐氏綜合症篩查的結果呈陽性，醫生都會建議她們接受入侵性產前檢查，以診斷胎兒是否患有遺傳疾病。傳統的胎兒染色體核型分析透過顯微鏡觀察染色體的結構，約三分之二胎兒的細胞核型報告會呈現正常，但當中至少有一成胎兒會出現結構異常或發育遲緩等，與多種綜合症或遺傳病有密切關係。

新技術成功率較高

　　中大醫學院開發的全新產前診斷的檢測流程，命名為全基因組 DNA 拷貝數分析（FetalSeq），與現時採用的基因芯片技術相比，能夠更精確檢測致病性的基因組微缺失，或微重複，診斷胎兒是否患有嚴重先天性疾病的靈敏度、準確性及成功率較高。

梁德楊教授表示許多綜合症或遺傳病都與染色體細微結構出現異常有關。

中大醫學院婦產科學系系主任梁德楊教授指出，「如果我們能夠在產前診斷中，發現胎兒患有臨床顯著的基因組失衡，就能夠為孕婦及其家人提供更多資訊，以助他們作出相應決定，並檢視日後生育的計劃。」

新技術額外檢測 1.7% 致病基因

中大醫學院婦產科學系副教授蔡光偉教授表示，基因芯片技術雖然能夠在單次測試中快速分析所有染色體，但是其分析敏感度受制於探針的密度和能夠覆蓋的目標區域。另外也有全基因組測序，是一種先進的測序方法，但價錢非常昂貴。而中大研發的FetalSeq，通過利用低深度高通量全基因組測序的方法，只要單次運行，就可檢測更多的樣本數量（48 個樣本），並證明它比基因芯片技術更能為產前診斷提供額外更精準的遺傳信息。

為了比較 FetalSeq 胎兒測序平台和基因芯片技術對產前診斷的準確性和有效性，中大團隊於 2016 至 2019 年間，在香港及廣州為 1,023 名婦女進行了對比研究。結果發現，FetalSeq 胎兒測

全基因組測序每次可以檢測 48 個樣本。

序平台不但能夠覆蓋基因芯片技術檢測到的所有基因變異，並額外診斷出 17 宗有致病基因變異的病例，新的診斷率達 1.7。

　　FetalSeq 適合高齡懷孕、有家庭遺傳病史、曾流產，以及本身已抽取羊水、接受入侵性產前檢測的孕婦。蔡光偉教授表示，若醫生認為孕婦有臨床需要接受更高靈敏度的檢測，可到中文大學預約 FetalSeq 檢測。

FetalSeq 胎兒測序平台

原理	透過檢驗羊水、臍帶血，以及絨毛活檢細胞，測試出胎兒患有致病基因變異的結果。
適合孕婦	高齡懷孕 有家庭遺傳病史 曾流產或曾有死胎 被診斷為有需要接受入侵性產前檢測
查詢預約	查詢電郵：obsgyn@cuhk.edu.hk 查詢電話：3505 1557 預約診症：3505 4416

新技術找出
慣性流產原因

專家顧問：香港中文大學醫學院

　　慣性流產的問題困擾不少夫婦，對他們造成身體及心理壓力，影響全球 1 至 2% 的夫婦。香港中文大學研發基因測序技術，將 2020 年推出的 FetalSeq 胎兒測序平台技術再改進，推出進階版的基因測序技術 ChromoSeq，新技術可以更精準檢測出與慣性流產相關的基因異常。

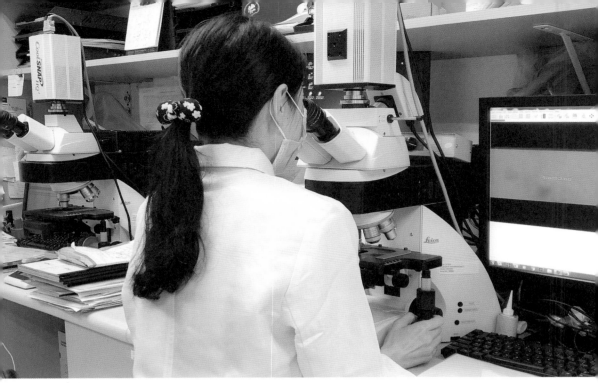

傳統核型分析

　　慣性流產是指連續兩次或以上經臨床確認的流產，對渴望有孩子的夫婦來說是極大的困擾及傷痛，女士經歷反覆流產不但需要接受多次醫療程序或手術治療，她與丈夫亦要面對心理壓力、婚姻及社會壓力，慣性流產影響全球 1 至 2% 的夫婦。

慣性流產 可找出原因

　　慣性流產個案中，一般有四至五成可以透過檢測，從內分泌、免疫及解剖病理學（如子宮結構異常）等方面尋找原因。約有 2 至 5% 可從傳統的染色體核型分析，檢測出染色體或基因異常；餘下的一半個案即使接受多種測試，仍得不到答案。有部份夫婦的染色體或基因的異常情況較細微，傳統的染色體核型分析檢測或會遺漏這類群組。

　　若經過測試確認有遺傳異常，可以選擇人工受孕，配合胚胎植入前基因測試，避免受影響的胚胎進行植入操作，減低流產機率。

　　中大醫學院婦產科學系系主任梁德楊教授指，仍有很多慣性

染色體變異夫婦 流產機會高。

流產個案的病因未明，他表示「身體構造、抗磷脂綜合症、內分泌或染色體異常均是慣性流產最常見的病因。不過，仍有很多慣性流產個案的病因未明，醫生難以提供合適的輔導及治療。」

基因測序技術 全面檢查染色體結構

中大推出基因測序技術 ChromoSeq，可以更全面檢查染色體結構，不單能夠檢測出染色體的微缺失或微重複，同時可以精準地檢測結構重新排列及雜合性缺失（如單親二倍體）等異常。新技術尤其有效檢查慣性流產夫婦二人的染色體片段有否出現重新排列，例如「平衡易位」，即兩個染色體之間的染色體片段交換，這極有可能令胎兒遺傳到有缺失的染色體片段，因而導致流產或胎兒先天缺陷。

中大醫學院婦產科學系研究助理教授董梓瑞博士表示，基因組測序是一種較先進的技術，檢測分辨率比傳統核型分析高一百

萬倍。染色體全基因測序檢測平台 ChromoSeq，用以分析全基因組的染色體結構異常。相比傳統核型分析，ChromoSeq 測序平台能夠以高分辨率偵測出染色體平衡易位、倒位或其他更複雜的異常，為慣性流產提供與細胞遺傳學更多信息。

染色體變異夫婦 流產機會高

為評估 ChromoSeq 染色體測序平台與傳統核型分析在準確性、功效及檢測量的分別，中大研究團隊與山東大學於 2004 至 2015 年間為 1,090 對慣性流產夫婦，採用兩種檢測方法進行染色體異常分析。

檢測結果顯示，在 1,090 對夫婦（均已獲得傳統核型分析診斷報告）當中，ChromoSeq 染色體測序平台成功為 1,077 對完成檢測並得出結果（98.8%），並檢測到當中有 11.7% (126 / 1,077 對) 慣性流產夫婦帶有染色體平衡易位或倒位。

在這 126 對夫婦當中，有 39.7%（50/126 對）的傳統核型分析結果，診斷為染色體正常。

總括而言，團隊透過 ChromoSeq 測序平台發現每 9 對慣性流產夫婦中，有 1 對被檢測出潛在染色體變異。後續研究亦證實，這些夫婦即使再次自然懷孕，出現流產或胎兒異常的機會明顯較高。

胚胎植入前基因測試 降流產率

中大醫學院婦產科學系臨床副教授鍾佩樺醫生表示：「在臨床管理中，通常建議為流產組織進行遺傳學研究。但大多數夫婦被轉介到我們的診所時，都無法提供流產組織作進一步檢測。因此，為夫婦二人進行基因測試檢測任何遺傳異常就更見重要。當被鑑定出患有染色體異常，我們會推薦他們進行胚胎植入前基因測試，以減少將來懷孕時出現流產的機會。」

胚胎植入前基因測試是一種胚胎基因檢查技術，在胚胎移植前，為胚胎進行染色體異常或特定基因異常的檢查。此技術能避免因遺傳了染色體異常，而帶有基因缺失的胚胎所引起的流產。有證據證明，帶有染色體重新排列問題的夫婦選擇進行胚胎植入前基因測試，相比選擇自然懷孕，流產率明顯降低。

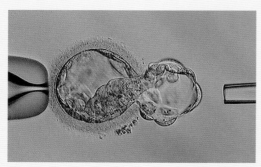

胚胎植入前基因測試

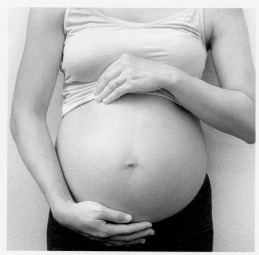

通過應用胚胎植入前基因測試，慣性流產夫婦的流產率有顯著降低。

　　研究證據亦顯示到，通過應用胚胎植入前基因測試，慣性流產夫婦的流產率有顯著降低，測試可作為慣性流產的潛在治療方法。

　　此外，董博士補充：「憑着全基因組和高分辦率的測序特點，ChromoSeq 測序平台在檢測慣性流產的遺傳病因方面，相比傳統方法有絕對的優勢，特別是針對原來核型分析結果為正常的群組。該技術為慣性流產夫婦及其家人提供更精確的預後信息，以便往後跟進。」